生成主义干预
重新定义心智

ENACTIVIST
INTERVENTIONS

Rethinking

the

Mind

（Shaun Gallagher）

［美］ 肖恩·加拉格尔 著

郑占国 陈凤然 边雅 译

机械工业出版社
CHINA MACHINE PRESS

《生成主义干预》是一部跨学科著名，探讨了具身认知理伦如何阐明心灵的方方面面，包括意向性、表征、情感、知觉、行动和自由意志、高阶认知和主体间性。加拉格尔主张重新定义"心智"这一概念，他借鉴了实用主义、现象学和认知科学的观点。生成主义作为一种自然哲学立场，对认知科学的发展有重要的方法论和理论意义。加拉格尔认为，与感知和行动的基本现象一样，反思、想象和数学推理等复杂的认知现象最好用基于可供性（affordance）的熟练应对来解释。他认为在基本行动、情感和理性之间存在一种连续性，这种连续性在任何情况下都是具身的。

北京市版权局著作权合同登记　图字：01-2020-5861号

图书在版编目（CIP）数据

生成主义干预：重新定义心智／（美）肖恩·加拉格尔（Shaun Gallagher）著；郑占国，陈凤然，边雅译. —北京：机械工业出版社，2023.12
书名原文：Enactivist Interventions：Rethinking the Mind
ISBN 978-7-111-74563-1

Ⅰ.①生… Ⅱ.①肖… ②郑… ③陈… ④边…
Ⅲ.①认知科学-研究　Ⅳ.①B842.1

中国国家版本馆 CIP 数据核字（2024）第 021238 号

机械工业出版社（北京市百万庄大街 22 号　邮政编码 100037）
策划编辑：刘林澍　　　　　责任编辑：刘林澍
责任校对：曹若菲　薄萌钰　责任印制：刘　媛
唐山楠萍印务有限公司印刷
2024 年 6 月第 1 版第 1 次印刷
160mm×235mm·20.5 印张·3 插页·218 千字
标准书号：ISBN 978-7-111-74563-1
定价：88.00 元

电话服务　　　　　　　　　网络服务
客服电话：010-88361066　　机 工 官 网：www.cmpbook.com
　　　　　010-88379833　　机 工 官 博：weibo.com/cmp1952
　　　　　010-68326294　　金 书 网：www.golden-book.com
封底无防伪标均为盗版　　　机工教育服务网：www.cmpedu.com

致　谢

/

Acknowledgments

本书许多章节均修订自作者曾发表的学术论文、会议论文或学术专著：

第 1 章部分内容修订自一篇为 2014 年于法兰克福举办的，以"认知科学的实用主义转向"为主题的 Ernst Strüngmann 论坛而做的论文。

第 2 章内容修订自一篇题为《具身认知的解释》的论文，该文被 W. Tschacher 和 C. Bergomi 收录于《具身的内涵：认知与交流》（*The Implication of Embodiment：Cognition and Communication*）一书（Exeter：Imprint Academic）（见该书第 59 至 71 页）。

第 3 章内容修订自一篇题为《生成认知与延展认知的实用主义干预》的论文（*Nous-Philosophical Issue* 24：110 – 126）。

第 4 章内容系基于我与 Katsunori Miyahara 合著的论文《新实用主义与生成主义意向性》，该文被 J. Schulkin 收录于《行动、知

觉与大脑》（*Action，Perception and the Brain*）一书（Basingstoke，
UK：Palgrave Macmillan）（见该书第 117 至 146 页），已获 Palgrave
Macmillan 出版公司授权。

第 5 章部分内容源于论文《最小表征仍是表征吗》
（*International Journal of Philosophical Studies* 16（3）：351 – 369），
已获 Taylor & Francis 授权。

第 7 章是对《行动何在？副现象主义和自由意志问题》一文
的修订，该文被收录于 W. Banks、S. Pockett 和我主编的《意识产
生行为？对意志本质的探索》（*Does Consciousness Cause Behavior*？
An Investigation of the Nature of Volition）一书（Cambridge，MA：Mit
Press）（见该书第 109 到 124 页），已获授权。

第 8 章是对我与 Matt Bower 合著的论文《让生成主义更具身》
[*AVANT/Trends in Interdisciplinary Studies*（Poland）5（2）：232 –
247] 的修订。

9.4 至 9.6 摘自论文《生成主义的双手》，该文被 Z. Radman 收
录于《手：心灵的器官》（*The Hand：An Organ of the Mind*）一书
（Cambridge，MA：MIT Press），已获授权。

10.3 修订自我在苏黎世理工学院做的一次报告：《反思技能：
在 Dreyfus 与 McDowell 之间》。

10.4 修订自论文《数学运算：演化与文化濡化对数学推理之发端的作用》(*Progress in Biophysics and Molecular Biology* 119：341–346)。

我在与 Katsunori Miyahara 和 Matt Bower 的合作中收获颇丰，这里要首先感谢他们。我还要感谢一位匿名审读者，他为本书的初稿提供了宝贵的意见。Peter Momtchiloff 为本书提供了编辑方面的建议。我还因在多场学术会议中与众多同行的探讨而受益良多，他们中包括 Kenneth Aizawa、Micah Allen、Jelle Bruineberg、Anthony Chemero、Andy Clark、Jonathan Cole、Katja Crone、(已故的) Pleshette DeArmitt、Hanne De Jaegher、Ezequiel Di Paolo、Chris Frith、Vittorio Gallese、Cecilia Heyes、Daniel Hutto、Michael Kirchoff、Patrick McGivern、Lambros Malafouris、Richard Mebary、Albert Newen、Karenleigh Overmann、Zdravko Radman、Matthew Ratcliffe、Erik Rietveld、Mark Rowlands、Rob Rupert、Susanna Siegel、Evan Thompson、Deborah Tollefsen、Dylan Trigg、Somogy Varga、Stefano Vincini、Michael Wheeler 和 Dan Zahavi。我还要感谢我在孟菲斯大学的学生们，他们曾给予我，也在不断带给我许多启迪，包括 Benjamin Aguda、(现卧龙岗大学的) Nicolle Brancazio、Michael Butler、Tailer Ransom、Kevin Ryan 和 Christina Warne-Friedlaender。

当然，我的妻子 Elaine 自始至终的陪伴，也是本书得以问世的必要条件。

　　我要对洪堡基金会表示感激，他们曾授予我安内莉泽·迈尔研究奖（Anneliese Maier Research Award），而且自 2012 年至今一直在支持我的研究工作。我于 2016 年夏季学期在牛津大学基布尔学院作为高级研究访问学者完成了本书最后的收尾工作，在此也对学院给予的帮助表示感谢。孟菲斯大学 Lillian and Morrie Moss 系列哲学讲座为我的研究提供了大力支持。卧龙岗大学授予我教授研究员头衔，波鸿鲁尔大学心智、大脑与认知演化中心也授予我研究员头衔，在此一并表示感谢！

目 录

图表索引

第1章 绪论

/

Enactivist
Interventions

认知存在于头脑中还是在外部世界中，还是在某种头脑与外部世界结合的过程中？对认知哲学和认知科学中具身认知的持续研究，引发了许多关于此类问题的争论。认知哲学和认知科学传统上都认为认知是完全存在于头脑中的。在本章介绍中，我将讨论这一观点的一些最新发展，然后开始描绘生成主义的对比观点，这是一种根植于现象学和实用主义的具身认知方法。

生成认知方法表明，至少在基本的（与感知和行动相关的）事例中，认知过程不仅存在于头脑中，而且涉及身体和环境因素。这一观点显然对认知科学的标准提出了挑战，特别是对认知神经科学，以及任何声称用一种变量（如神经处理）因素提供充分解释和排他性解释的科学。如果认知不能简化为大脑过程或任何其他单一因素，如果它确实涉及具身和环境的许多其他方面，那么对认知的科学研究应该如何精确地进行呢？能有一种生成主义的认知科学吗？在勾勒这个问题的答案时，我们将关注一些涉及意向、表征、情感、生成性等方面的问题，并在接下来的章节中进行更充分的讨论。

1.1　头脑中的认知：一些最新方法

即使我们从广义的角度定义认知过程，使其不仅包含信仰和欲望，也包括与他人之间的身体行为和互动状态，我们仍然发现主流认知科学只能提供狭义的解释，把所有需要充分解释的行为置于心理框架下，严格对应于大脑处理过程。"狭义"一词是认知哲学中的一个技术术语，指的是内在的心理表征或内容加工。认知科学中的标准解释将认知定义为由心理或神经表征构成，我将在第 5 章（第 5.2 节及下文）中探讨什么是表征这一复杂问题。为达到更好的介绍目的，以下几个示例将帮助我们更好地理解。

第一个例子涉及行动，特别是涉及计划和意图的形成。所涉及的过程可以在亚个体和个体的解释层面进行描述，但它们都只局限在传统的认知大脑范围之内。比如在著名的 Libet 实验中，Libet 及其同事（1983；见 Soon et al., 2008）验证了与准备电位有关的神经动力学（准备电位指一种比任何特定身体运动早约 800毫秒开始的大脑信号），以及它与我们决定采取行动时直接感觉的关系。这些实验不仅众所周知，还存在争议。在这里，我不会详细讨论那些与实验（更多细节见第 7.3 节）或与方法论有关的争议，但我将简要总结其基本要义并说明哲学上的一些争议。

　　Libet 试图回答的问题是，意识是否在行动的起始过程中起着一定作用，他把这解释为一个关于自由意志的问题。他的研究结果表明，平均来看，在受试者有意识做决定（或有运动冲动）的350 毫秒前，受试者的大脑已经开启了引发运动的过程。也就是说，准备电位已经就绪，大脑在受试者决定行动之前已经做好了开始行动的准备。结论是，自愿行为"在有意识的意图出现之前，是由无意识的大脑过程启动的"（Libet，1985：529）。

　　对于这些实验结果的含义有多种不同的解读，但大多数人都关注自由意志的问题。Libet 认为，在我们意识到自己的决定之后，大脑约有 150 毫秒的活动时间，给我们在行动前留出了自由意志的空间；他认为我们有时间去有意识地否决某项具体行动。然而，另一些人认为，大脑做出决定然后执行它的决定，从这个角度看，意识是附带现象。大脑创造性地使我们认为可以有意识地决定采取行动、我们的行为是受个体控制的。根据这种观点，自由意志只不过是一种虚假的感觉或幻觉。

　　为了进一步介绍，下面将简单地提及一个涉及自由意志的认知过程的核心假设。Haggard 和 Libet（2001）在提出问题时很好地阐释了这个假设，并将其称为自由意志的传统问题："心理状态（我有意识的意图）如何启动大脑运动区域的神经事件，导致我的身体运动？"（47）。他们是对的，因为这正是 Descartes 和很多现代哲学思想家界定这个问题的方式。这是心理因果关系的问题，它将自由意志的认知过程置于人类大脑和心智的搭界处。

假设这是提出问题的正确方式，那就忽略了一种可能性，即自由意志不是简单地通过 Libet 实验就能看到的。例如，有人可以说，这些实验与自由意志无关。这种说法挑战了自由意志可以用 150 毫秒的短时间尺度来描述的假设。然而，这种类型的反应可以是以下两种方式之一。第一种方式只是把我们带回到头脑，进入意图形成的讨论。在这个讨论中，认知由意向产生预设意图，继而对行动中的意图产生影响。因为 Libet 实验只涉及运动意图，或者充其量是行动意图，他们的目标出现了偏差，自由意志远不止有意向或预设意图的形成。这一解释以信仰和欲望为例，其过程更好地展示了推理空间，但仍然只是在头脑中的概念。第二种方式指向外部世界，该观点认为自由意志不是某个个体的大脑、认知或有机体的属性，而是具有关联特性的。依据此观点，社会和环境因素具有提升或削弱我们自由行动能力的功能。

然而，像社会关系这样的东西涉及自由意志，并不一定会超越传统的认知概念。当我们转向正在进行的关于社会认知或"心理理论"（Theory of Mind，ToM）的辩论时，这一点就很清楚了。这些争论都在个体主义的方法论框架内进行，即 ToM 可以用位于个体内部的因果机制（ToM 模块或镜像系统）来解释。今天越来越多的共识是，大脑中有两个网络负责理解他人：①ToM 网络，包括颞顶叶连接、内侧顶叶皮层和内侧前额叶皮层（如 Saxe et al., 2009），并允许存在以某种形式的"理论"来推理关于他人心理状态的"读心"方法；②前运动顶叶皮质的镜像区域，支持对对方的行为、意图和情绪的心理模拟。综上所述，神经科学的发现可能证明了一种混合的"读心"方法，或者提出了一种在线和离线推理的双系统方法（Apperly & Butterfill，2009）。

然而，使这些观点复杂化的是，社会认知的主流理论已经开始注意到来自具身认知和行动导向方法的反对意见。对这些反面观点以及具身认知理论者主张的更普遍的关注，催生了一种思考身体角色的方式，这一方式保留了标准的表征主义，即所谓的"弱具身"（Alsmith & Vignemont，2012）或最小具身认知（见第2.1节）。例如，Alvin Goldman 和 Frederique de Vignemont（2009）认为，具身认知理论者通常认为的认知过程的重要因素，如解剖学和身体活动（运动和姿势）、自主神经和外围系统、与环境的关系，其实都不重要。相反，唯一与一般认知，特别是社会认知相关的"身体"事物，是大脑中的身体模式（或 B – 模式）表征。正如他们所说，B – 模式的表征提供了一种"已净化"的谈论身体的方式，也是推进具身认知理论的"最有前途"的方式（2009，155）。

B – 模式表征在形式上不是命题性的或概念性的，它们的内容可能包括身体或身体部位，但也包括行动目标，即如何通过身体行动表征这些目标。躯体感觉、情感和内感受表征也可能是 B – 模式表征，它们"与身体的生理条件有关，如疼痛、温度、瘙痒、肌肉和内脏感觉、血管舒缩活动、饥饿和口渴"（156）。

　　根据弱具身式的观点，社会认知只在知觉镜像的 B－模式用来表征他人的行为或精神状态时才被具身化。类似的旨在"净化"具身认知的策略也可以在解释范围更广的认知现象时用到。例如，一些理论家指出，与身体相关的模拟（表征）对语言和概念处理很重要（例如，Glenberg，2010；Meteyard et al.，2012；Pezzulo et al.，2011；Pulvermuller，2005）。Goldman（2012，2014）认为，只需推广使用 B－模式的表征，就可以开发出一套整体的具身认知方法。所有这些都与以重建世界（Jackendoff，2002）和"将世界推入心灵"（Meteyard et al.，2012）为目标的标准表征主义的"心灵主义事业"和非常狭隘的具身概念相一致。

1.2　世界中的认知：现象学激发的生成方法

　　生成主义认知方法受到了现象学哲学的激励和启发。Varela，Thompson 和 Rosch（1991）首次或最先定义了生成主义方法，他们在现象学传统中发现了重新思考心智的重要源头。例如，Husserl 的"我能"的概念（我依据我能做什么感知环境中的事物），Heidegger 的"上手状态"的概念（我们主要以预先反思的实用主义和行动导向的方式来感知世界，而不是通过反思式智力思考或科学观察），特别是 Merleau-Ponty 对具身化实践的关注，影响了 Gibson 的功能可见性理念和 Dreyfus 对经典认知主义的批评（见 Di Paolo，2005；Gallagher，2005a；Noe，2004；Thompson，2007）。尽管美国实用主义传统相关的源头很少被重视，但 Peirce、

Dewey 和 Mead 的许多观点可以被认为是生成主义哲学的先驱（见第 3 章）。

　　具身认知的生成观强调知觉是行动的，而行动导向塑造了大多数认知过程。大多数生成主义者呼吁对我们思考心智和大脑的方式进行彻底的改变，包括重新思考我们如何做认知科学研究。生成主义的方法可以通过以下背景假设进行描述，这在本书的后续章节中将继续探讨：[一]

1. 认知并不仅仅是一个大脑事件。它通过分布于整个大脑 – 身体 – 环境的过程涌现。心智被具身化了（见第 2 章），从第一人称的角度看，具身相当于现象学概念中有生命的身体。而从第三人称的角度看，生物体 – 环境被视为解释单元（第 3 章和第 9 章）。

2. 世界（意义、意图）不是预先设定的或预定义的，而是由认知和行动构建的（第 4 章）。

3. 认知过程获得意义，一部分是通过它们在行动环境中的角色，而不是通过表征映射或复制外部世界的内部模型（第 5 章）。

4. 生成主义的方法与动态系统理论有很强的联系，强调动态耦合和大脑 – 身体 – 环境协同之间的相关性（第 5 章和

○　这些假设来自：Clark，1999；Di Paolo，Rohde 和 De Jaegher，2010；Dominey et al.，2016；Engel，2010；Engel et al.，2013；Thompson，2001；Varela，Thompson & Rosch，1991。

第 6 章）。

5. 经典的认知科学通常以个体主义的方法论为特征，与之相反，生成主义方法注重内部机制，强调认知系统的延展性、主体间性和社会定位的本质（见第 7 章关于此观点与自由意志问题的关系）。

6. 生成主义的目的是不仅在感觉运动协同方面，而且在整个身体的情感和自主性方面建构更高级和更复杂的认知功能（第 8 章和第 9 章）。

7. 更高阶的认知功能，如反思性思维或深思熟虑，是熟练运用的技术训练，通常与定位和具身化的行动相结合（第 10 章）。

　　生成主义方法类似于延展认知和分布式认知的概念，因为所有这些方法都认为认知不是完全"在脑内"，而是分布在大脑、身体和环境中（Clark & Chalmers，1998）。然而，与接受功能主义并推出最小表征作用的延展认知假说相反的是，生成主义者拒绝功能主义，并主张身体过程的物质细节形成和促进意识和认知的构建，这一过程不可简化为表征，即便是 B – 模式的表征也一样（见第 2.1 节）。Clark（2008）认为特定的体型或形状可以通过正确的表征处理传递和中和，从而传递类似的经验或类似的认知结果。与此观点相反，生成主义者坚持有生命身体的生物特性，包括整个身体的机体和情感调节，对认知有渗入式影响，正如感觉运动耦合过程对有机体和环境关系的影响一样。关于后一种过程，例如，Noë（2004；见 O'Regan & Noë，2001；Hurley，1998）

提出了一个关于生成感知的详细描述，其中感觉－运动权变和环境可供性替代了被归因于神经计算和心理表征的功能。

1.3　因果性、构成性与历时性

对生成主义和延展认知观点的一个明确反对意见涉及因果关系和构成关系之间的区别。据说这两种理论都混淆了因果关系和构成关系（Adams & Aizawa，2008）。这是一个重要的反对意见，因为它指出了这些理论和标准的认知主义方法之间的明显区别。

Adams 和 Aizawa（2008；Aizawa，2010）认为延展认知假设以及生成主义方法（见 Aizawa，2014）都做出了不合理的推论，即从因果依赖（即身体和环境因素在支持认知过程中发挥因果作用）推出了构成依赖（声称这些因素实际上是认知过程的一部分）。这就是因果－构成（C－C）谬误。例如，使用笔记本电脑或智能手机来支持记忆应该被理解为对认知过程的因果性的支持，而不是像延展认知假设所声称的那样是一个认知过程本身。因果关系和构成关系之间的严格区别与关于"心理判据"的观点密切相关（一种确定哪些过程属于认知，哪些过程不属于认知的方法）。Adams 和 Aizawa 等人认为，非衍生的内部（基于大脑的）表征内容构成了心智的判据。除此之外，没有什么能算是认知的。

　　标准的认知主义方法采用了一种经典的形而上学观点，即因果关系和构成关系是独立的关系——关于因果关系的事实并不能告诉我们任何关于构成的事情（Bennett，2011；2004）。例如，在这个观点中，情绪可能受到身体或环境因素的因果影响，但构成情感的只是在大脑中实例化的心理事件。Michael Kirchhoff（2015）认为，这种观点将构成理解为物质的或组合式的构成：一种同步的一对一或多对一（一个事物是由事物的集合组成的）的各种不同物质在空间上或物质上的共存关系。一个典型的例子是，大卫的雕像是由大理石组成的（但不是由大理石导致的）。雕像和大理石之间的关系在任何时候都是这样的，而且不会改变（Gibbard，1975）。如果 x 构成（或组成）y，那么 x 和 y 同时存在于同一个地方，并且它们共享相同的物质部分。然而，这个经典的概念并没有解释过程，而一个心理理论必须解释过程。

　　为了解释过程，生成主义者提出了动态系统和历时构成的思想（Kirchhoff，2015）。大脑、身体和环境被认为以一种形成系统的方式动态耦合，这种耦合并不等同于物质本身的组合；相反，它涉及物理关系过程。系统的某一个部分的重大变化将导致其他部分的变化或调整。对生成主义者来说，正是这些动态的因果关系构成了这个系统。

　　因为这些过程发生在几个时间尺度上，所以在时间和动态维度引入一种三重区分会很有帮助。以下是基于神经生物学和现象学的区分方式（见 Varela，1999），可以澄清因果 – 构成（C – C）

问题，也将与后面章节中的一些分析相关。Varela 认为，认知涉及以下三个时间尺度上的过程，我将其称为基本尺度、综合尺度和叙事尺度。

1. 基本尺度（在 10 到 100 毫秒之间变化）
2. 综合尺度（从 0.5 秒到 3 秒不等）
3. 涉及记忆的叙事尺度（3 秒以上）

　　基本尺度是神经生理学的基本时间尺度，它与神经元放电的内在细胞节律相对应，在 10 毫秒（爆发的中间神经元节律）到 100 毫秒（皮层锥体神经元突触后电位兴奋/抑制序列的持续时间）之间。在这种尺度上的神经元过程被整合在第二种尺度中，在神经生理学水平上，涉及细胞集群的整合。在现象学上，综合尺度对应于生活中丰富的现象经验，是一个完全构成式的认知操作；从运动学角度看，它对应于一个基本的动作，如伸手和抓握。在动态系统的解释中，基本尺度上的神经元级的事件（通过锁相）同步，并在综合尺度上表现为不可压缩但完整的聚集物。⊖叙事尺度旨在捕捉更长的时间段，扩展到复杂的行动和认知过程，可能包括回忆、计划、意图形成等。还可以进行进一步的区分（例如，人们可以考虑发展和进化的时间尺度），也有其他时间模式可以使用，但从我们要达到的目的看，三重区分应该足够了。

⊖　这目前在神经科学中属于一个工作假设。参见 Thompson（2007，332）。

在共时构成的标准概念上，亚个体的、基本尺度的神经元过程构成了内容式的、表征式的心理过程，这些过程在某种程度上可以扩展为有意识的心理状态。人们可能会认为这是一种同一性理论。该理论通常假设心理状态就是大脑状态，即一种中枢状态唯物主义。所有其他因素（如身体、环境、社会等）都是因果性的，但不是构成性的。在某些情况下，相对于非衍生的心智，它们最多是衍生或附带现象。然而，在生成主义者看来，人们需要一种更微妙的分布式状态唯物主义。在它们的动态关系中，神经和非神经关系，包括具身化、环境、社会等，可能在某种程度上既是因果性的，也是构成性的。

因此，与标准的共时性构成观点相反，生成主义者提出了"历时性构成"的概念，其中因果关系和构成关系不是独立的。具身化的心理过程（即具身－生成的心理过程），分布在不同的因素/层面（神经、行为、环境），以及不同的时间尺度，构成一个以时间集成的动态系统。组成要素很可能是复杂的、相互的因果关系，但正是这些相互的因果关系使心理过程成为它本身。因此，一种改变动态系统中因果关系的干预也会改变整个系统。在格式塔理论中（"格式塔"即 Maurice Merleau-Pony 所说的"形式"或"结构"，1964），整体超越了它各部分的总和。在一个随着时间的推移而展开的过程组成的动态格式塔中，以递归的相互因果关系为特征，任何过程部分（超过一定的阈值）的变化都将导致整体的变化，而整体的变化也将意味着过程部分的变化。与共时的、组成式的构成概念相反，这些因果关系历时性地构成现象。正如 Kirchhoff（2015）所认为的，因果 – 构成（C – C）谬误的主张默认构成是共时定义的，并不适用于动态模式中描述的历时过程。

对这种构成的概念可以作"强理解"或"弱理解"。"强理解"是指，如果一个人显著地改变、破坏或消除了因果耦合，系统就不复存在。昏迷或死亡可能就是一个很好的例子。然而，如果有一个活的有机体，就会总有一个环境和某种因果耦合。"弱理解"是指，认知是因为耦合的本质才成为认知，大脑、身体和环境相关方式的改变就会改变认知。认知的本质依赖于某种动态耦合的实例化，这样，如果不是因为系统的因果互动，一种特定的认知就不会出现。例如，这里的主张并不是说环境决定了表征的内容。一个人可以在一个特定的环境中做梦或产生幻觉——这将取决于身体的状态（例如，如果一个人在睡觉）或大脑的状态（例如，如果存在神经递质的不平衡），这将改变一个人与环境的关系。人们可以改变与环境的因果互动，如将有机体置于一个感官剥夺室；这显然会导致不同的认知。[⊖]

需要明确的是，生成主义者并不否认大脑的重要性，但他们把大脑看作一个更大的动态系统的组成部分，该系统包括身

⊖ 如果一个人在感官剥夺室，那么他可能会产生幻觉（在物理环境中感觉不到什么东西），这正是因为特定有机体与环境之间的耦合是不同的。而这不应该成为与环境的交互或动态耦合的细节与认知无关的理由（Prinz，2009）。

体和（身体、社会和文化）环境。认知的解释单位（知觉、行动等）不仅仅是一个或两个（或更多）大脑的认知，还包括有机体和环境之间的动态关系，包括两个及两个以上的有机体、大脑及其结构特征，使特定的感知行动循环反过来影响形成神经系统的结构和功能的统计规律性（Gallagher，2005；Thompsonn，2007）。

如果我伸手抓东西（或某人），我的手和我的胳膊、肩膀、背部肌肉、末梢神经系统以及我的前庭系统，至少和我的大脑一样，依据其自身的复杂性，在伸手抓握这一过程中，是在综合尺度上做出动态调整的一部分。对这种动作的完全的运动学描述并不能给这个动作一个完整的解释，完全的神经层面的描述也一样。同样，如果我决定如何行动，涉及这个活动的神经组件是必要的一部分，而且我的位置、我是谁、我过去的实践、当前的身体技能、健康状况，更不用说我的情绪，都将在某种程度上在决策形成过程中发挥作用。其中一些元素在叙事尺度上进入这个过程，不在我目前的控制之下。在这方面，我的身体不仅仅是一种感觉－运动机制，情感成分也扮演着重要的角色，如饥饿、疲劳、身体不适或疼痛，还有感情与情绪（见第 8 章）。这些成分并非只体现在某个时间尺度上——它们涉及所有三个尺度。例如，关于能动性和自由意志的讨论，无论主动行为是什么，它都受到所有这些不同因素的限制，并由此生成。正如 Clark 和 Chalmers（1998，9）所指出的那样，如果其中一个神经外成分被拿走，"这个系统的行为能力将会下降，就像我们拿走它大脑的一部分一样"。至少，对任何组件的删除（添加），都将需要对整个系统进行补偿性调整。

Evan Thompson（2014）提供了一个很好的类比：如果说认知只存在于大脑里，就像说飞行只存在于鸟的翅膀里一样。就像只有一对翅膀，如果没有鸟的其他部分，没有大气来支持这个过程，也没有精确的有机体－环境耦合模式，飞行就不存在一样（确实，谁会不同意这个看法？）。所以，如果只有一个大脑，没有身体和外界的因素，认知就不存在。"心智是关系性的。这是一种与世界相关的方式。"（Thompson，2014，1）对一些人来说，这些说法似乎是显而易见的，甚至是不言自明的，但我们经常发现自己在做科学研究时，就好像只有神经表征才是唯一解释性的。

社会互动的过程也不能简化为个体的神经元过程（或 B－模式表征），因为他们包括与另一个人的物理接触，而这个人不仅仅是一个表征，他会在接触的过程中产生反作用，表征则不能。社会互动还包括在社会环境中的身体参与以及"基本主体间性"，包括在丰富的实用主义和社会背景下，对面部表情、姿势、运动、手势等的感知和反应，以及不同形式的感觉－运动耦合的感情过程（Gallagher，2005a）。这在大量对话分析中已经得到了证明（例如，Goodwin，2000）。然而，这并不是说社会认知的所有基本过程都是神经外的。镜像神经元可能确实做出了贡献，不是通过模拟他人的行为或在大脑中呈现其微缩的版本，而是通过成为更大的感觉－运动过程的一部分，对不同的交互线索做出反应。在生成主义者的观点中，社会认知是一个协调的过程，它允许我将对方视为我可以回应或可以与之互动的人。在主体间性的环境中，知觉通常是与他人的互动。在某些情况下，对关系的理解源自两个人之间的社会互动，一些新的共享的意义（甚至是一些误解）得以建立，而这种意义不能单独建构在其中任何一个大脑里（De Jaegher，Di Paolo & Gallagher，2010）。

1.4　如何成为不失自我的具身主义理论家

以任何认知的例子为例，我们都可以有两种不同的解释——标准的表征主义解释和生成主义的解释。有时这似乎只是一种词语替代，有时生成主义的描述似乎更好，特别是如果我们想到涉及问题解决而不是信念的例子。也有时候，表征主义的描述似乎占了上风，即使所涉及的表征是动作指向的、最小的或 B－模式的，在解释上也有明显的差异。

考虑下面著名的"外野手接球"的例子（McBeath，Shaffer & Kaiser，1995）。我们可以用两种方式进行解释：在一种情况下，跑动意味着表征其速度和轨迹的各个方面；在另一种情况下，它只是字面上要表达的跑动，而不含任何表征。

在经典的表征性描述中，问题首先在外野手的头脑中得到解决。球的速度和轨迹由大脑计算和重建，从而离线解决了问题，然后只需要向四肢发送指导性信号，以最有效的方式移动来接球。正如 Michael Anderson（2014，164）指出的，这种表征观点将认知视为"元知觉"——一种使知觉有意义的附加的知觉。如今不太可能还会有人仍然相信这个解释，而且已经有了反证，因为站在原地的外野手无法可靠地预测球会落在哪里。此外，该解释方式并不能预测外野手在接球时的实际移动模式。

在"弱具身"模式下，关于"行动导向的表征"的计算是在我们移动时在线进行的，但部分过程涉及快速（在基本尺度上）离线的运动控制。由于感知反馈太慢，无法及时更新系统，"正向模型"会生成一个模拟或表征，预测来自预期身体位置的感知反馈，并允许对运动控制进行微调。简单地说，行动导向的表征代表了运动的某些神经外因素的未来状态——身体位置（或与身体位置相关的本体觉反馈），这些都将在接球的动作中实现。因为这一模型表示一个还不存在的系统——一种预测的运动状态，因此说它是离线的，可以与正在进行的行动脱钩（Clark & Grush，1999），并发生在独立的大脑中。在接住球后，这些表征可以被模拟并进一步离线和重复使用，比如在记忆系统中逐步放大以达到进一步的认知状态。当我们没有处于跑动或接球的状态时，大脑也可以运行这样的离线模型。例如，当我想象或回忆接球动作的时候，这个模型无须身体本身，也无须"持续的物理联系"（Clark & Grush，1999，7；Clark，1999）。

相比之下，在生成主义的解释下，外野手通过协调视觉和运动，在没有表征的情况下解决了这个问题。他在一条曲线上跑动，使球在视野中的运动轨迹保持恒定的速度，即在视网膜上的投影静止不动。这样外野手就可以顺利到达接球点（McBeath, Shaffer & Kaiser, 1995；Fink, Foo & Warren, 2009），无须计算大脑中的心理表征，如球的速度和轨迹等。相反，这个行动的认知部分只是看到世界上"真实存在"的球，并直接行动，所涉及的过程是完全在线的动态感觉 – 运动过程。这些过程确实涉及持续的预期，但我们不清楚在多大程度上这种预期可以被描述为"离线"或解耦的。神经处理的正向预期是动作本身的一个组成部分，应用历时性的动态理论来理解，而不是用与它脱钩的事物来解释。对未来状态或位置的预期（球的状态或身体在下一秒抓球的状态），需要持续地参照或"持续地物理联系到"一个人当前的身体状态或位置。将这种过程看作表征，就是认为这种预期在某种程度上与知觉和本体觉输入分离，但它们显然不是。这些过程可能比现实世界的本体觉反馈早一步，但同时也比之前的反馈晚一步，与持续的运动和感知相结合（见第5.3节）。此外，随着主体的继续移动，这些过程必然会迅速消失。尽管如果你接到过足够多的球，你的运动系统就会变得更加熟练，能适应更高级的运动，还可以通过记忆或想象力重新生成这一过程，但它们不会被存储为供以后重复使用的表征。

某些观点认为高阶认知是离不开表征的（Clark & Toribio, 1994）。然而，在生成主义的视角下，为了扩大到想象或记忆等认知状态，大脑并没有解耦或重建一个一开始就具有表征性的过程；

相反，这个系统（使用相同的运动控制或正向控制机制）生成（或重新生成）一个过程，从而与一个新的认知行为相结合。例如，记忆可能涉及在原始体验中被激活的知觉神经过程的重新激活。使用肌电图的实验也表明，一些非神经系统的身体过程，如肌肉和面部表情的阈下张力，可能在记忆、想象、反射的情况下被（重新）激活（例如，Bakker，Boschker & Chung，1996；Livesay & Samras，1998；Schmidt & Lee，1999）。

然而在这里，对行动导向的表征的描述和生成认知的概念之间的界限变得模糊了，有些人可能会怀疑这种差异只是使用术语的喜好不同罢了（见第 5 章）。因此，行动导向的表征的捍卫者们如 Michael Wheeler 放弃了以解耦作为行动导向的表征概念的标准（2005，219）；Wheeler 和 Mark Rowlands 都认为，行动导向的表征涉及一个包括大脑、身体和环境在内的系统的各个方面。"表征的载体不会停留在身体表面，它们一直延伸到外部世界"（Rowlands，2006，224）。然而，当表征的概念被削弱到这种程度时，人们可能会怀疑，弱具身支持者所说的行动导向的表征可以被生成主义者提出的"功能可供性"取代。然而，无论其概念如何，"功能可供性"不是用来替代表征性的。功能可供性的概念在某种程度上是强调动态关系的，这是表征所不具备的特征。

1.5　超越预测编码

由于生成主义的解释拒绝标准的计算和表征主义的解释，他们需要提供对大脑如何工作的不同解释。在这方面，将生成主义的概念与最近提出的关于预测编码或预测加工的大脑功能投射理论进行对比，是一个很有成效的方法（Clark，2016a；Hohwy，2013）。预测编码理论已经是神经科学的一个重要发展趋势，它用贝叶斯推理来解释大脑功能（Friston，2005）。Andy Clark（2013a，181）认为它"为统一的认知和行动科学提供了迄今为止最好的线索"。有人可能会认为，预测编码理论已经确定了表征主义的基调，因为许多预测编码理论的文献推定或采用了表征主义的用语如"推理"和"假设"等（见 Hohwy，2013）。然而，另一种解释强调预测编码理论最近对"主动推理"的关注，将预测编码理论的一些基本概念推向了更生成化的解释（如 Bruineberg，Kiverstein & Rietveld，2016；Gallagher & Allen，2016）。

在一种预测编码理论的解释中，大脑被描绘为无法直接连接外部世界；因此，它需要通过解码感官输入所构建的一些内部模型来表征这个世界（Hohwy，2013）。大脑试图解码感官数据，这些数据是大脑皮层处理事件的高层系统通过预测较低级系统输入的结果，而这一过程依据的是关于外部世界因果结构的涌现模型（即信号源）（Clark，2013，181）。根据这一观点，大脑对这个世界做出概率推断（形成"假设"），并纠正这些推断以减少预测误差。这涉及基于经验先验的突触抑制过程，即基于先前的经验或系统的先验状态。预测与正在进行的感官输入相匹配，不匹配将产生预测误差，这些误差被发送回系统并动态地来回调整，直到达到相对较好的拟合。这是一个有效的过程，因为唯一需要发送的数据是与预测信号之间的差异（惊异），在修正预测的过程中，大脑更新世界模型并修正其先验（Rao & Ballard, 1999）。

在这一体系中，行动主体有两种方法来保持其结构和功能的完整性，要么通过对隐藏的（外部的）原因准确的内部预测，要么通过以最小化感知惊异的方式作用于环境。后者，因为依赖连续的行动和感知变化，被称为主动推理。一方面，因为只强调第一种操作类型，即预测误差最小化（prediction-error minimization, PEM），预测编码理论仍然是严格意义上的内部主义论，而主动推理只服务于做真实工作的内部过程。因此，Hohwy（2016）认为预测编码理论以这种狭义的方式理解与具身认知方法不一致。

预测误差最小化（PEM）应该使我们抵制心智 – 世界关系的概念，在这种概念上，大脑与世界的关系是开放式的，或者在某种程度上是非常具身的、延展的或生成的。然而，PEM以推理方式展示出来的是大脑与外部世界的隔绝，它似乎更像是被神经中枢束缚于头脑中，而不是具身或延展的，行动本身更像是对感官输入的推理过程，而不是与环境的主动耦合。（Hohwy, 2016, 259）

另一方面，对主动推理的强调导致了人们对具身和交互的重要性的认识，这反映在最近的预测编码的动态变化中（Friston, Mattout & Kilner, 2011；Friston & Frith, 2015；Kilner, Friston &

Frith，2007；Wolpert，Doya & Kawato，2003）。因此，Clark 认为预测误差最小化（PEM）过程与运动和动作密切相关，他认为预测编码理论为一种更具身化、更生成化的认知理论提供了支持（Clark，2013a；2015；2016b）。

这表明，我们不必认为预测编码理论过程的结果是在大脑中创造出一种表征——"一种有关信号源的内部模型：隐藏在感知面纱背后的世界"（Clark，2013a，184）。

———————

这意味着"推理"，正如它在预测编码理论框架中的功能一样，不是必须推导出一种具有丰富重构内容的内部状态的结论。它不是为了构建一个能够代表多彩外部世界的内在领域。相反，它可以提供有效的、低成本的策略，这些策略的展开和成功很微妙地一直地依赖于外部领域本身的结构和持续的贡献，并被各种形式的行动和干预利用。（Clark，2016a，191）

Clark 把外野手接球问题（在前一节中提到）作为主动推理的例子（2016a，190，247，256ff）。他认为，在预测编码理论解释中，我们有可能放弃表征的术语表，甚至是行动导向的表征，就像要放弃预测编码理论依赖于形成一个"假设"的观点一样。我们可以认为大脑致力于寻找最能适应（像本书中我主张的）当前感官障碍的分布式神经状态（192）。在主动推理中，大脑要做到这一点，不是通过坐下来制定假设，而是通过"参与世界"的动作（192），就像跑去接高飞球。通过引用 Gibson 的生态心理学并拒绝经典的"重建"观点，Clark 为神经外、身体因素（基本形态学、生物力学动力学、运动学、环境规律）构建了理论空间（246 –7）。然而，即使在 Clark 的预测编码理论解释中，仍然存在一种模糊性。一方面，主动推理（如预测编码）是为了生成信息，这些信息被发送回大脑进行中央处理。他引用了 Lungarella 和 Sporns（2005，25）的观点指出，与外部世界连接的行为是"神经信息处理的补充"。Hohwy（2013）的看法也与此相同。另一方面，Clark 提出一个更生成化的说法："解决问题的过程分布在大脑、身体和环境三个部分中，这允许高效的懒惰的大脑（或者更确切地说，整个具身的、嵌入环境的系统）在做得尽可能少的情况下依然能解决问题"（2016，248）。生成主义的重点在括号里体现。

我们能否删除这个括号，把这个过程看作一种持续的动态调整？大脑是更大的有机体的一部分并随之一起嵌入动态调整的环境，这一环境既包括物理环境也包括社会和文化环境（Gallagher et al.，2013）。神经调节发生在这个更大的系统中。调整和调谐的概念可以根据物理状态得以体现，或者更准确地说，通过涉及大脑和身体、自主和末梢神经系统的物理动力学过程，以及情感和运动的变化最终体现。

这种生成式调谐的概念似乎也反映在预测编码理论术语中，它强调两个"匹配的方向"：一是根据当下知觉经验来更新预测或调整先验——从外部世界到大脑的方向；二是对世界采取行动，直接塑造或重新取样，以测试我们之前的期望（主动推理）。在这方面，对于预测编码理论模型，感知可能被认为是一个积极的过程，通过这个过程，我有可能产生确认或测试我的期望的感官体验。例如主动的扫视不仅被动地确定特征，而且是对世界上符合期望或已解决不确定性的物体的主动取样（Friston et al.，2012）。Clark 推动预测编码理论转向更具身、更生成、更生态的解释，他认为主动推理主导了隐喻性的"循环因果之舞"；有人甚至更激进地提出，与预测编码理论的"稍有误导"的以从世界到大脑为主导方向的解释相反，所有的推理都是真正的主动推理（见 Clark，2016a，250－1）。[○]然而与此相反，生成式的动态调整/调谐过程涉及整个系统，并不是提供更好的神经预测的测试。主动推理根本不是"推理"，而是一种行动，一种生成式的调整，一种对现实的参与（Bruineberg，Kiverstein & Rietveld，2016；Gallagher & Allen，2016）。外野手在试图接住棒球时没有进行"测试"或从环境"取样"，大脑不是位于中心并对外围进行测试，而是它本身就在一个圆弧上，在身体和环境形成的圆周上从一种状态到其他状态，直到循环完成，大脑、身体和环境形成一个整体。

例如，我们知道，一个人的信仰和价值观，以及一个人的情

㊀　然而，正如我们在 Clark（2016a，251）中看到的，这只是回到了语用表征的概念，服务于"认知功能，以测试我们假设的方式对世界进行抽样，并为控制行动本身提供更好的信息"。

感状态和文化观点（大部分是在叙事框架内定义的现象）作为先验，可以塑造一个人在现实中看世界的方式（见 6.4）。这些认知和情感状态与观点如何进入（基本尺度的）亚个体过程，可以用预测编码理论模型来解释。例如，关于情感，Barrett 和 Bar 的情感预测假说意味着，在物体被识别后，表明一个物体显著性、相关性或价值的反应不会作为一个单独的步骤发生。相反，情感反应从视觉刺激开始的那一刻起就支持视觉（Barrett & Bar，2009，1325）。随着最早的视觉处理，内侧眶额叶皮层被激活，引发一系列肌肉和荷尔蒙变化，同时从与先前经验相关的器官、肌肉和关节产生的"内感觉"与当前的外感觉信息相结合，塑造了有机体的反应，它有助于形成后续的行为。因此，作为对环境感知的一部分，我们经历了伴随这种综合处理过程而来的某些身体感受的变化。换句话说，在我们完全认识一个物体或其他人之前，对它或他或她，我们的身体已经在整体上被先验"关联配置"了，包括神经末梢和自主神经控制模式。就 Barrett 和 Bar 使用的预测编码理论模型而言，包括情感的先验不仅仅存在于大脑中，还涉及整个身体的调整——Freund 等人（2016，1860）将其称为"解剖学上的已知先验"。

在生成主义的观点中，大脑在有机体与环境的动态协调中发挥着重要作用。例如，社会互动涉及将大脑过程整合到一个复杂的交互组合中，涉及移动、手势和与他人富有表现力的身体的连接，也包括位于各种物理环境中的人工制品、工具和技术，并由不同的社会角色和制度实践定义。大脑连同所有这些其他因素共同构成一个系统，如果这些其他因素不同，系统中的先验和惊异也会是不同的。如果像 Clark（2013，189）提出的"人类在感知和行动的各种宽广领域像理性的贝叶斯估算器一样运行"，意味着他们考虑到自身不确定的感觉和运动信号，这是由于大脑作为身体的一部分随着身体进化，并与其所处的环境以特定方式进行耦合。

从生成主义的角度看，感知涉及完整的（神经加神经外）系统中的交互。生成主义者强调感觉－运动权变（例如，Noe，2004）、身体情感（见第8.1节），以及主体间互动在形成知觉中所起的作用（见第8.2节）。因此，感知包括感觉－运动层面（基本尺度）的复杂的动态过程，这些过程以生成式的、动态的方式参与或响应整个有机体（整合和叙事尺度），存在于或物质性地嵌入结构化的环境。Clark 建议，鉴于具身和嵌入式实践的方式多种多样，我们可以使用"各种各样的技巧、工具、符号、实践和媒介使我们的物理和社会世界结构化，从而对我们的大脑更友好，以一种事先安排（设计周围的环境）的方式减少预测误差"（2013a，195）。然而，这种重新设计反映了一种双向的元可塑性——不仅会改变我们的大脑，还会改变身体、社会和文化环境（Malafouris，2013）。我们可以在任何时刻干预大脑－身体－环境的自组织循环，这种干预会对整个过程产生调整（有时是友好的，有时是不那么友好的）。

神经处理的变化或调谐将伴随其他现实因素的任何变化，不是因为大脑表征这些变化并以中央命令模式对它们做出反应，而是因为大脑本身就是一个更大的具身化系统的一部分，并通过调整应对其变化的环境。就像手适应要抓住的物体的形状一样，大脑也会适应有机体－环境组成的系统。就像我们不清楚我们能否说抓握时手部的姿态表征了要被抓住的物体一样（Rowlands，2006），我们也不清楚能否说大脑的激活就可以表征世界。

关于预测编码理论，强调更全面的大脑－身体－环境系统的生成主义观点显然倾向于脱离内在主义和认知主义的词汇（和概念），如"假设""推理"和"表征"，而支持更具身化的术语，如"调整""调谐"和"可供性"等。这些术语不仅仅是简单地替代预测编码理论的术语，它们改变的是我们对大脑参与方式的看法。

1.6　作为自然哲学的生成主义

生成的具身认知方法对科学提出了一个挑战。生成主义者通过不仅关注大脑、环境、行为，而且关注大脑－身体－环境的丰富动态系统，提供了一个整体的认知概念。然而，简而言之，整体主义很难实现。无论实验控制还是科学上的劳动分工，都不允许同时考虑到所有的因素，而且我们也不清楚是否可能有一个关键的实验可以解决关于表征主义和生成主义的问题。一方面，生成主义提出了实证的主张。例如，在感觉运动权变方面，它类似于一个研究方案，可以提出新的实验设计方案和解释数据的方法。另一方面，它对整体主义的强调也给实证研究带来了问题。需要明确的是，没有什么能阻止控制变量的科学实验的开展，而且每次实验都能给出一个自己的解释。然而，每一种科学都倾向于基于自己特定的假设，根据自己的一套术语来发展自己的理论，并且往往与其他的科学见解区别开来。相互冲突的假设、术语和解释可能会产生我在其他地方所说的"笨重的机器人"问题（Gallagher et al.，2015，74）。也就是说，就像一个人可以通过分配团队建造不同的模块设计一个机器人，虽然单独的模块能正常工作，但当把模块聚集在一起时，它们可能不能很好地配合。没有人考虑过在复杂系统中一个模块如何与另一个模块动态连接的关系问题，其结果就像是一台机器笨拙的行为。在理论构建中也会发现同样的问题。科学实验是在它们自己特定范式的框架内设计的，通常研究系统的各个部分，但并不会总是考虑这些部分之间的动态关系，也不总是有处理这些关系的专业术语。即使以跨学科的方式工作，我们也经常发现自己在建立一个笨拙的理论，因为来自不同学科的见解不能很好地整合起来。

这促使我们要认真考虑 Cecilia Heyes 首次提出的观点⊖（基于

⊖　在这里，我遵循 Cecilia Heyes 的建议，她评论了我于 2014 年 10 月发表在 Ernst Striingmant 论坛的一篇论文。

Godfrey-Smith，2001 提出的区别），即生成主义可能是一种自然哲学，而不是一套科学研究的具体程序。Godfrey-Smith 在讨论发展系统理论时，区分了"科学研究方案"和"自然哲学"。正如他明确指出的那样，自然哲学是一种不同于科学的思维方案，尽管科学可能是它的关键研究对象，但这两个领域不必共享相同的术语。如果自然哲学的任务是在考虑一系列科学描述的前提下尽可能准确地描述世界，哲学在恰当地关注理论的底层结构时，它也可以有自己的范畴和概念（Godfrey-Smith，2001，284）。自然哲学对待科学研究成果的态度是严肃的，它的主张与科学保持一致，但它可以重新定义这些成果，并将它们与不同科学领域的成果结合起来。例如，完全排他地将认知神经科学当作认知科学，这一观点是完全不合理的。此外，这种重新定义的要求可能确实需要一种不同于任何特定科学需求的术语表。虽然研究自然哲学不是做科学研究，但它仍然可以提供与做科学研究相关的澄清，它可以为实证调查提供信息。从这个意义上说，自然哲学既不是关于自然的哲学（在传统意义上），也不是那种必然与科学相连的自然主义哲学。它同时提供了关键的距离和实用的建议，在某些情况下，这可能会使科学研究变得更加困难。

生成主义是一种自然哲学，这可以从以下事实中看出：生成主义从一开始就涉及对心智和大脑本质的重新思考，还涉及对自然本身概念的重新思考（见 Di Paolo，2005；Thompson，2007，78ff)。如果生成主义是自然主义的一种形式，它并不支持科学预设的关于自然的机械定义，而是认为我们必须研究认知能力，否则我们无法理解自然。正如 Cecilia Heyes 在她的评论中建议的那样，在一种旨在提供一种包容观点的自然哲学背景下，整体主义提供的是推动力量，而不是实践的复杂性。

生成主义，作为"非还原主义但科学参与的自然哲学"（Di Paolo，Buhrmann & Barandiaran，2017，253），仍然可能以非常具体的方式推动实验科学。即使在某些情况下，很难将一个整体的观点应用于一个特定的问题，但在许多情况下，在设计可以测试生成主义思想的实验时，可能没有那么复杂。例如，我们可以设置好所有因素，然后测试系统，看看当我们干预并去除其中一个因素时会发生什么。此外，在处理一个特定的具体问题时，不需要在任何情况下把所有因素都纳入其中，尽管最后考虑一个重要因素可能比忽略一个重要因素更容易。例如，如果在社会认知的解释中包含具身互动，实际上可能会更简洁，但如果把它排除在外，就需要从理论和机械模拟的角度提供更复杂的解释（DeJaegher，Di Paolo & Gallagher，2010）。尽管在这种情况和其他很多情况下，问题的处理会在很大程度上取决于一些特殊因素，比如恰当实验室技术的可用性等，但考虑整体情况有时可能会产生更简单的解释。简而言之，即便生成主义被认为是一种自然哲学，那种认为它不能提供具体的假设或它不能提出新的科学问题的观点也是不正确的。

下面的章节将致力于在构建一门生成主义的认知哲学方面做出贡献，使其成为更宏大的自然哲学的一部分。第 2 章和第 3 章提供了一个广泛的背景，并对生成主义从当代和历史背景下进行了定位。第 2 章回顾了一些当代具身认知的方法，以清楚地区分生成主义的观点。第 3 章探讨了美国实用主义传统在生成主义框架中很大程度上被忽视的原因。

第 4 章概述了一种利用现象学和实用主义的生成意向性理论。当看到新行为主义和新实用主义方法关于意向性的争论，我认为，如果我们正确地构建意向性的概念，那么生成主义和延展认知方法之间的对立就可以得到解决。具体地说，生成主义的方法可以借鉴新实用主义，发展一种对非衍生意向性的具身化和延展认知的解释，不受标准内部主义理论的反对。然而，根据这种观点，意向性并不等同于表征。这就引发了在第 5 章从生成主义角度对表征主义的批判。我认为，在认知哲学对表征的标准定义中，感知 – 行动过程是非表征的——与 Clark、Wheeler，Rowlands 等人为之辩护的各种版本的行动导向的表征形成了对比。

由此引发第 5 章和第 6 章所探讨的问题是：如果大脑没有形成对世界的内部心理表征，那么它是如何工作的？在这里，我们回到我上面提到的一些问题。与大脑推理的标准概念（出现在经典的计算主义解释和内部预测处理解释）相反的观点是，大脑是身体 – 环境系统的一部分（不仅调节身体，而且受身体及其情感过程的调节），正如 Jesse Prinz 所说大脑被先验的经验和弹性变化"设置为行动的出发点"（2004，55）。大脑是有机体的一个组成部分，有机体作为一个整体，对环境变化做出动态反应。目前还不清楚这是否等同于预测处理中的"主动推理"概念，但从生成主义的角度看，这可能是考虑大脑如何工作的最好方式。

第 7 章认为，试图在行动前的基本尺度内或在神经生理过程中定位自由意志是错误的。对最近围绕自由意志是一种幻觉概念的辩论，我进行了概述性的、生成主义的回应。我认为 Libet 实验展示了在以毫秒计的基本尺度内神经激活模式如何预测自愿的运动，甚至在主体决定行动之前，这是关于运动控制过程（运动意图形成）的——而不是有关自由意志的实验。自由意志最好在叙事尺度加以理解，其涉及更大的社会环境下的远端意图和行为。

第 8 章认为，具身认知的生成主义概念不仅仅关注感觉 – 运动权变，也不仅仅是对表征主义的批判，而是强调了情感和主体间性的重要性。通过回顾 Erwin Straus（1966）的一篇文章，第 9 章继续讨论这个主题。该文章是在现象人类学的传统下撰写的，重点关注人类的直立姿势。我扩展并更新了这一分析，以充实一个更全面的具身概念及其与理性的关系。最后，在第 10 章中，我讨了所谓的"扩大"问题或"高阶"认知的问题（尽管我拒绝这些标签）。生成主义的方法能解释涉及反思性思维、深思、记忆、想象等的认知过程吗？为了在这个问题上获得一些支持，我将我的答案置于 Dreyfus 和 McDowell 关于心智本质的一场辩论的框架内。生成主义方法可以区分差异，并在 Dreyfus（他强调具身化技能和应对能力）和 McDowell（他关注概念和理性空间）的观点之间建立一个空间。我认为，反思和概念丰富的认知操作（例如，想象和做数学题）涉及一个专门的可供性空间，但与具身化的应对方式是相连的，并且共享相同的结构。

第 2 章　具身认知的变体

Enactivist
Interventions

　　具身认知的概念并不是一个确定的概念。研究认知的各种方法都与具身概念密切相关——包括生成式、嵌入式和扩展式或分布式的认知方法。其他选择包括从接近认知主义思维概念的保守模型，到更温和或激进的阵营，它们认为我们需要重新思考关于大脑和大脑工作方式的基本假设。虽然已有这些不同的观点，但它们对于具身概念的重要性并没有达成明确的共识。此外，与一些人可能认为的相反，并非所有的具身认知方法都对经典的认知计算模型持有相同的反对意见。

　　鉴于这种情况，Larry Shapiro（2014a）担心，与化学家和生物学家不同，具身认知领域的研究者们可能对以下问题无法达成共识，即他们调查的科学领域是什么，研究领域的核心概念是什么，以及为什么具身认知是对旧范式的一种改进。然而，我认为我们不应该对此担忧，正如 Shapiro 举的第三个例子，即类似于认知科学，具身认知不像化学或生物学，它充其量是认知科学领域的一个研究项目；在某些方面，它更像是这些科学研究的哲学框架。尽管 Shapiro 认为认知科学确实对他提出的问题有很好的答案，但我不确定他的观点是否正确。首先，他对哪些概念是做认知科学所必需的这个问题的回答，（他认为"信息、表征和算法"（74）是必需的概念）涉及当前的争论，部分原因是来自具身认知的挑战。其次，某种程度上它与认知科学有关，具身认知是跨学科的，而化学和生物学（正如 Shapiro 所描述的）却没有跨学科。如果问那些从事人工智能研究的人这样的问题，你不一定会得到与认知神经科学家、认知哲学家或认知人类学家相同的答案。这些研究人员可能也在致力于具身认知研究。事实上，Shapiro 在具身认知的主题下列出了各种不同的主题，例如，运动行为、机器人导航、动作－句子兼容性、隐喻在概念习得中的作用，以及关于感知的各种问题，实际上这些都是认知科学涉及的话题。事实上，认知科学和具身认知领域包括一些化学的因素（因为激素和神经递质对认知有一些影响）和很多（神经甚至神经外）生物学的特点。鉴于它们也包含哲学的特点，人们会期待在每个领域都会有持续的辩论和分歧。

　　本章我想提出一些辩论的主题并勾勒出具身认知的基本框架，从最小或最弱的具身认知概念开始，它等同于在头脑中呈现身体的表征，最后以生成主义方法的激进具身概念结束。在此，我做两个解释性的说明。首先，我关心大的框架，我的意思是，关于具身认知的各种方法的主张并没有集中于认知科学中的特定问题或特定类型的问题。相反，我将考虑理论家们提出的通常是关于处理任何与认知有关问题的正确方法的总体主张。考虑到当前的科学状况，以及一个需要解决的特殊问题，其中一种方法可能比其他任何方法都有更好的解释。每一个要考虑的理论对于解决特殊问题都有独特的解释价值。我承认，在试图解决一个特定的问题时，一个理论家并不是在试图解决所有的问题，也不是在试图讲述认知的整个故事。然而，在大多数情况下，我将关注有关构思整体系统的最佳方式的更大的应用领域。

其次，我承认有其他文章也用了类似的框架来定义具身认知中"具身"的概念（例如，Kiverstein，2012；Shapiro，2007；Wilson，2002；Ziemke，2001）。许多作者从不同的兴趣点出发并从不同的角度对此进行了论述。有时他们支持各种方法，有时则批评整个领域。在这些分类中，我们可以看到被称为"4E"（具身的、嵌入的、生成的、延展的认知）的概述，有时包括更多的"E"（生态的、共情的），有时还包括一个 A（4E & A，A 代表情感）。[○]从这样的评论、总结和标签的转变中看，有一件事似乎很清楚，那就是这个领域已经发生了变化，甚至可能还在继续发

○ "4E" 标签被认为是我创立的（参见 Rowlands，2010，3）。我只接受部分赞美（或指责）。2007 年，我在中佛罗里达大学组织了一次关于 4E 认知的会议，并使用了这个术语。但这个标签本身是在 2006 年 7 月卡迪夫大学的一个关于具身思维的研讨会上出现的，参会者包括我、Richard Gray、Kathleen Lennon、Richard Menary、Soren Overgaard、Matthew Ratcliffe、Mark Rowlands and Alessandra Tanesini。

生变化，被重新定义或重新分配。因此，以下内容并不是决定
性的或最终的观点。

2.1　弱具身认知和 B－模式

我将从 Alsmith 和 Vignemont（2012）所说的"弱具身"开始，
而不是"强具身"。强具身支持（非神经）身体本身在认知中的
重要解释作用；弱具身认知提供了各种被称为身体或身体模式
（神经）表征的重要解释（例如，Gallese & Sinigaglia，2011；
Glenberg，2010；Goldman，2012；2014；Goldman & Vignemont，
2009）。

弱具身方法对我们如何理解具身施加了严格的限制条件。以
至于大多数具身认知理论家可能不会认可用这样的限制条件描述
具身认知，而是可能更会把它当作对身体重要性的否定。Goldman
和 Vignemont（2009）可能首次明确地将这种方法表述为具身实
例。他们的出发点是假设几乎所有对人类认知很重要的事情都发
生在大脑中，"即使不是全部事件，也是大多数精神事件"（2009，
154）。因此，如果人们将身体定义为不包括大脑，那么具身认知
的概念似乎就更成问题了，这就是他们所做的：

────────

具身理论家想要提高身体在解释认知活动中的重要性。在这

里所说的"身体"是什么意思？它的意思应该是：除去大脑的整个身体。让大脑成为身体的一部分，就有不重视身体对精神生活至关重要的说法之嫌。(154)

除了将大脑从身体中移除，Goldman 和 Vignemont 还建议将身体从环境中移除：他们想了解身体（字面理解）的贡献，而不是对它与身体嵌入的环境的贡献（154）。然而，这与在其他版本的具身认知中的一个核心主张形成了鲜明的对比，即身体不能与其环境分离。[⊖]

然而，Goldman 和 Vignemont 进一步排除了解剖学和身体活动（动作和姿势）的作用，他们认为这对认知过程微不足道，而不是重要的或构成了贡献。因此，用他们的说法，他们留下了经过"净化"的身体表征。他们认为身体模式表征（"B-模式"）的概念是促进具身认知方法（155）的"最有前途的"概念。尽管如此，他们指出，对于什么是 B-模式还没有达成共识，它们在认知中的作用仍存在争议。然而，这种表征在形式上不是命题或概念性的；它们的内容可能包括身体或身体部位，但也可能包括以如何通过身体行动表征的行动目标。它们明确地"代表了主体自身身体的状态，实际上，从内部的角度代表了它们"（Goldman,

----

⊖　例如，"考虑到身体和神经系统与它们的环境共同进化，只有完整动物的行为受到选择，需要……一个紧密耦合的视角不应该令人惊讶"（Beer, 2000）。参见 Brooks（1991）；Chemero（2009）；Chiel & Beer（1997）。

2012，73）。Jesse Prinz（2009，419）参考的是相同类型的表征。"这种表征和过程有两种形式：有一些表征或响应身体的表征和过程，如对身体运动的知觉，还有一些影响身体的表征和过程，如运动命令。"体感、情感和内感觉表征也可能是 B - 模式的，"与身体的生理条件有关，如疼痛、温度、瘙痒、肌肉和内脏感觉、血管舒缩活动、饥饿和口渴"（Goldman & Viginemont，2009，156）。

涉及 B - 模式的神经表征的过程纯粹是大脑内部的，正如 Shapiro（2014a）所指出的那样。$^{\ominus}$Goldman（2014）对这种说法提出了一种限定条件，即这种表征的内容要求大脑被具身化，因为内容"可能（确实可能）"取决于表征的因果互动……单纯的大脑状态不会有与普通的具身大脑状态相同的内容"（2014，104）。因此，身体以自己独特的方式向大脑传递正确的信息。

根据 Goldman 的观点（2012），仅仅通过推广 B - 模式的表征，就可以得到一个富有成效的具身认知概念。"现在假设 B - 模式也被重新配置或选择，用于表征事物而非自己的身体部位或状态。"这些额外的陈述也属于具身认知范畴（Goldman，2012，74）。如果 B - 模式的表征"用于次要或衍生的目的，那么……它们仍然会被归类为具身认知，就像 B - 模式的认知在其主要和基本的角

㊀ Barsalou 的基础认知概念也表明，认知作用于运动区域的重新激活，但"确实可以独立于编码感觉运动体验的特定身体"（2008，619；见 Pezzulo et al.，2011）。

色中被使用一样"。

　　B－模式表征最初可能有一个内感觉或运动任务，此时表征的内容以某种方式指代身体。例如，涉及关于自身肌肉、关节和肢体位置的本体觉和运动觉信息。因此，B－模式的表征主要是"对自己的身体状态和活动"的内感觉或运动觉表征（Goldman，2012，71）。然而，重要的是，Goldman 认为当这些可能源于外围的信息被集中表征时，就属于 B－模式，"例如，在躯体觉皮层和运动皮层里与激活相关的代码"（2012，74），当然还有"内感觉皮层"（Craig，2002）记录"疼痛、温度、瘙痒、肌肉和内脏觉，感受触摸和其他来自（和关于）身体的感觉"（2012，74）。然而，一个人的身体通过视觉、触摸等方式获得的外感觉信息并非 B－模式表征。

　　"最初"和"主要"这样的说法在这些解释中起着重要的作用，因为 B－模式的概念只是两部分理论中的第一部分内容。为了扩大应用范围，Goldman 采用了 Michael Anderson（2010）的"大规模重新配置假说"，也就是说，最初为一种用途而建立的神经回路可以被重复使用或重新配置并用于其他用途，同时仍然保持其原来的功能。例如，镜像神经元一开始是参与运动控制的运动神经元；但在进化过程中，为了社会认知目的，这些神经元被重新配置了：现在当一个主体看到另一个主体时，它们也会被激活。根据这个定义，任何在其原始功能或衍生功能中使用 B－模式表征的认知任务，都是一种具身认知的形式。

Goldman 提出，这种重新配置原则的另一个例子可以在语言学中找到。Pulvermüller（2005）的语言基础假说表明，语言理解涉及与行动相关的皮层区域的激活。例如，当一个被试听到"舔"这个词时，涉及他舌头的感觉运动区域被激活；像"挑"和"踢"这样的动作词分别激活涉及手和脚的皮层区域。因此，语言理解反映了内感觉、B－模式的运动表征的重新启用。这表明，"高阶的思想基于运动动作的低水平表征"（Goldman 2014，97）。从这里开始，是向 Glenberg（2010）、Barsalou（1999）或 Lakoff 和 Johnson（1999）的研究短暂过渡，分别展示了如何通过模拟或隐喻解释抽象思想的具身根源。此外，在一定程度上，记忆涉及运动控制回路的激活（Casasanto & Dijkstra，2010），计算涉及与手相关的运动区域的激活（Andres，Seron & Oliver，2007），这些认知活动应该被视为具身认知的实例。

神经复用意味着神经区域或过程以一种允许它们被任务激活的方式进化，这些任务并不是与这些区域相关的原始任务。Anderson（2010）和 Goldman（2012）提到布罗卡区/运动性语言中枢是神经复用的一个很好的例子。猴子的同源区域具有运动功能和可能的动作重新识别功能；布罗卡区依然包含这些原始功能，包括运动准备、动作排序和动作模仿，但也已经进化出了语言功能。

显然，复用假说涉及扩展适应的进化概念，正如 Vittorio Gallese 解释的那样，复用"指的是一个特定的特征或机制在进化过程中发生的转变，后来被重新使用以服务于新的目的和功能"
（2014，6）。从严格意义上讲，复用理论适用于进化过程，而不是
个体大脑中的标志激活或表征过程。它指的是进化尺度的适应，
而不是基本尺度的神经激活。在特定大脑区域标志性激活的情况
下，大脑不会复用主要与身体相关的认知神经元（或表征），尽
管 Goldman 这样认为。例如，他描述了"重复使用或重新配置 B -
模式来执行一项基本非身体性的认知任务"（2012，83）。"当且仅
当（重新）使用一些（内部）身体模式来帮助执行认知任务（无
论是什么任务），该过程才是具身认知的样本"（2014，103）。⊖同
样，他提到了镜像系统，在这个系统中镜像神经元的激活"作为
对另一个人正在做或计划做的事情的表征的一部分，（因此涉及）
不同的认知任务而非基本的（即，主要的）任务……构成了全新
的人际认知任务中运动形式的重新配置（复用）"（2012，79）。他
还建议，复用原则适用于认知策略。例如，人们可以把他们的想
象力"用于广泛的新领域"（2012，78）。这是否是对术语"复
用"的正确使用是一个问题，但可能不是主要问题。Goldman 有
权自己使用（或复用）这一概念。下面我将讨论关于弱具身认知
更实质性的问题（见 2.5）。

⊖ Goldman 对这一声明的注释证明了在"重新使用"中加入括号内的
"re"是合理的。而不是说它满足认知去符合体现它复用 B 码，具
身测试（通过复用）应该要求认知复用 B 码和复用 B 码问题，因为
这个 B 码的功能代表某些身体状态。这可能确实是一个有用的补充
（2014，107）。

如前所述，Goldman 认为 Lakoff 和 Johnson 的工作是弱具身的
一个例子。

思考一下 George Lakoff 和 Mark Johnson 的研究……他们的主
题是在语言和思想中普遍使用与身体相关的隐喻。这里的核
心思想是在隐喻和相关的语言使用中广泛使用身体（部分身
体）的表征……核心信息……是我们的概念结构遍及我们身
体的表征。我们对物体的概念化是由我们如何在概念上将其
他物体与我们自己的身体联系起来所决定的。从根本上说，
这一切就是关于表征的全部内容。(Goldman，2014，95)

Lakoff 和 Johnson 主要借鉴认知实验语言学和文化人类学的观
点，但也引用心理学、神经科学和认知科学研究心理旋转、心理
意象、手势和手语的内容，他们的争论众所周知，即我们的概念
生活始于空间和运动行为，从身体经验衍生出意义（Johnson，
2010；Lakoff，2012）。因此，"我们身体的特殊性质塑造了我们的
概念化和范畴化可能性"（Lakoff & Johnson，1999，19）。对他们
来说，连接具身经验和概念思想的具体机制是隐喻。

隐喻是建立在基本的和重复出现的意象图式之上的，如前 -
后、进 - 出、近 - 远、推 - 拉、支撑、平衡等，基本的意象图式
是建立在身体体验的基础上的。因此，例如，"前后的概念是参照
身体的"，只有在身体有前后之别时才有意义。"如果这个星球上
所有的生物都是漂浮在某种介质中统一的静止球体，并且在各个

方向上平等地感知，它们就没有前后的概念。"（1999，34）与此相似，也可以说上–下等。例如，这些基本的意象图式在隐喻上塑造了我们与计划和决策相关的抽象概念思维。因此才有了正义是平衡的、美德是正直的、对未来的规划是向上和向前的，以及关于"内外"的意象图式和容器隐喻，例如从具体的"约翰走出房间"，抽象到"她终于走出了抑郁"，或者"我不想在我的讨论中遗漏任何相关数据"，一直到逻辑抽象，如法律排除中的逻辑（Johnson，1987）。这一观点也被扩展到数学概念的解释（Lakoff & Nunez，2000）。

一方面，Lakoff 和 Johnson 强调神经过程，这至少在某些方面与 Goldman 为在弱具身认知理论中借用这一概念的方式一致。"具身化的概念是一种神经结构，是我们大脑的一部分或是利用了我们的大脑感觉运动系统。因此，许多概念推理都是感觉运动推理。"（Lakoff & Johnson，1999，20；Johnson，2017，147）此外，至少有一种解释（Zlatev，2010），使他们的立场与经典的认知主义并不矛盾。另一方面，他们的主张更与生成主义对具身认知的观点一致，正如 Goldman 所说："它可能不是关于表征的。"

唯一可行的表征理论是：表征是一个灵活的有机体，是与环境互动的模式，而不是一些内在精神实体以某种方式与部分外部世界的一种被称为"参照的奇怪的关系"。""我们拒绝这

种经典的表征概念，以及相应的意义和参照的观点。表征是一个我们会小心翼翼地避免使用的术语。"（Johnson & Lakoff, 2002, 249 – 50）

弱具身定义了具身的一种变体，且以排除身体所做任何贡献的方式构建了问题框架。它支持一种内在主义的观点，这与排除身体的"缸中之脑"概念并不矛盾。虽然我们不清楚这一观点如何仍然与 Goldman 和 Vignemont 早期的观点保持一致，但这一策略让我们又回到了一种与经典计算主义一致的模式，这种模式被更激进的具身认知观反对。

尽管如此，弱具身对其他版本的具身认知提出了明确的挑战，Goldman 和 Vignemont（2009, 158）通过提供一系列具身认知理论家应该回答的问题来澄清他们的主张，使挑战变得更为具体。以下是他们的问题清单：

1. 哪种对具身的解释是危险的？

2. 哪些认知领域，或哪些认知任务具有具身性；各个任务如何充分体现具身认知？

3. 在选定的解释中，实证证据如何支持明确的具身主张？

4. 已知的主张与经典的计算主义模式有何实质区别？

由于许多版本的具身认知拒绝接受认知的表征主义理论，我们可以添加第五个问题选项，这与第四个问题密切相关。

5. 心理表征在这个版本的具身认知中起作用吗？

在继续调查具身认知的情况时，可以利用这些问题来引导我们，可以从询问一些有关 Goldman 和 Vignemont 的"最有前途"但"最小"的或弱具身认知概念的问题开始。第一，他们在净化大脑过程的框架内提出了极少的与神经相关的具身解释。第二，最初，他们认为弱具身适用于社会认知的某些方面，而不是其他方面："然而，这样的论点能否被推广是值得怀疑的"（2009，158）。不过，Goldman（2012，2014）确实试图对 B－模式表征的概念如何扩展到认知的其他方面进行归纳，包括由语言介导的认知。第三，社会认知背景下的经验证据和影响 B－模式表征的"干扰行动和情绪识别"的证据都与镜像神经元的研究有关（Goldman & Vignemont，2009，156）。第四，这个"弱版"的具身认知与经典计算主义相对一致。正如 Alsmith 和 Vignemont 所说，在弱具身认知中发现的观点与"（同样熟悉的）神经中心主义的想法仅有丝毫之差，神经中心主义认为认知状态专门由神经硬件实现"（2012，5）。第五，这个版本的具身认知的表征色彩非常鲜明。

2.2　功能主义具身认知与延展认知

在某些方面，具身功能主义的概念要么是微不足道的，因为即使是功能主义系统也需要在根本上具身化，要么有点矛盾，因为功能主义的一个标志是对维持系统的物理性的某种漠视（身体中立、多重可实现性）。然而，功能主义者应该认真对待具身的这一想法可以在一些关于延展认知假说的讨论中找到（Clark，2008a；Wheeler，2005；Rowlands，2006，2010）。我视 Clark 为这一观点的主要支持者。一方面，Clark 主张回归弱具身的观点，因为他认为与解剖学决定因素和具身语义相关因素"既微不足道又无趣"，因此"不够特殊"（2008b，38）。另一方面，他坚信身体作为认知延展机制的一部分扮演着重要角色。在这方面，物理身体以及环境中的各个方面或环境中的物体，可以作为认知过程的非神经载体，执行类似于神经过程的功能。身体是一个延展认知系统的一部分，从大脑开始，包括身体和环境。正如他所说："更大的系统整体，包括大脑、身体、感觉器官的运动，以及（在某些条件下）非生物性的支持和辅助性的信息载具，可能构成精神状态和过程的机制替代基础。"（2008b，38）

这一观点不能与下面的观点混淆，即（人类）身体提供了某些决定性的约束（感觉 – 运动权变），这使（人类）体验独特，这与 O'Regan 和 Noe（2001）的生成知觉理论有关。Clark 不相信身体不同的动物不能以完全相同的方式体验空间环境的某些方面。不同类型的身体可以以不同的方式计算或处理信息，但仍然会产生相同的体验。对 Clark 来说（他引用了 Ballard 等人 1997 年的实验），部分计算机制包括身体或环境。例如，在完成某些任务时，我们可以将与任务相关的信息存储在基于大脑的记忆系统中，并可以查阅该"存储器"中的信息，或者我们可以把信息留在它已经存在的环境中，并且在需要时仅利用我们的身体在感知上查询它。在后一种情况下，与 RobWilson（1994）的"开发式表征"

和"广度计算"的概念一致，感知的身体正在发挥一定的计算作用，在某些情况下可以完全"在头脑中"完成；身体经常做这类事情，实际上它成为了认知的"外部"工具。Clark（2008a）明确指出，这种关于认知的具身化延展的观点——他称之为"简单具身"（Clark，1999）——与更高阶认知过程的坚定的表征主义一致，同时也和"最小表征"的主张（包括行动导向的表征）一致（见 Clark & Grush，1999；及第 5 章）。

有些学者认为物质性的身体有特殊而重要的作用，也有些学者认为身体只有"简单"的功能作用。这两种观点的区别在于是否认为即使具身对认知不重要，但对现象意识尤其重要，功能上等效的认知状态，在人体和非人体获得的现象体验方面可能非常不同。

然而，Clark 不愿意接受这种区分。他认为，即使就经验而言，也应该允许认知系统提供"补偿性下游调整"的可能性，甚至可以排除伴随认知的经验方面的差异（Clark，2008a）。然而，似乎没有充分的理由认为情况确实如此。（Clark 没有引用任何证据来支持这一观点。毕竟，为什么青蛙和人类有同样非凡的意识经验会很重要呢？）而且有一些证据反对这一观点。佩戴棱镜护目镜可以通过改变视野来改变视觉体验。一套棱镜护目镜可以使视野向右偏转 40°，甚至可能将视野整个上下颠倒。人们曾经认为，视觉系统最终会纠正这种扭曲，因为最初迷失方向的主体会慢慢适应，并开始采取有效行动，就好像她没有戴护目镜一样。该想法是，视觉系统做出补偿性的下游调整，将视觉运动体验恢复到正常参数。事实证明并非如此（Linden，et al.，1999）。受试者在运动控制过程中做出了重要的调整，但他们的视觉体验并没有发生变化。棱镜护目镜基本上改变了正常的视觉系统（也就是说，眼睛加上棱镜护目镜，相当于一个不同的视觉结构）。然而，运动模式可能会为应对这种不同的视觉体验而调整，但不会进行补偿性的下游调整来恢复直立视觉体验（更多关于棱镜护目镜的不同寻常的影响（见 Rode，2015；Rossetti et al.，2015）。这表明 Clark 对经验补偿效应的观点可能是错误的，他试图区分功能主义认知和具身意识的观点也与更强版本的具身认知观不一致。

2.3 具身认知的生物学模式

弱具身观点认为解剖学和身体运动不重要，它们对认知是微不足道的因素，与之相反，其他理论家认为，不管在大脑加工信息前还是加工信息后（"预处理"和"后处理"），解剖学和运动对形成认知都有非常重要的贡献（例如，Chiel & Beer，1997；Shapiro，2004；Straus，1966；参见 Gallagher，2005a）。在这种情况下，具身意味着身体的神经外结构特征塑造了我们的认知体验。

例如，我们的双眼位于当前的位置，这个事实使双眼有可能形成视觉，并让我们看到事物的相对深度。关于我们耳朵的位置和我们辨别声音方向的能力也有类似的说法。正如 Shapiro 所说："重点并不是简单地认为感知过程符合身体结构。而是感知过程依赖并包括身体结构。"（2004，190）

我们的感官体验也取决于我们头部和身体的运动方式，就像人们可以借助运动视差那样（Churchland，Ramachandran & Sejnowski，1994；Shapiro，2004）。此外，我们的运动反应，不是完全由大脑层面决定，而是由肌肉和肌腱的设计、它们的灵活性程度、它们与其他肌肉和关节的几何关系以及它们之前的激活历史影响的（Zajac，1993）。对人类来说，从进化的角度看，这在很大程度上取决于直立姿势和随之而来的身体变化（见第 9.2 节）。此外，运动并不总是集中计划的，它基于一个竞争系统，需要如 Clark 所说的"软组装"。神经系统要学会"调节参数（如肢体或关节的灵活度），这些参数将与内在的身体和环境约束相互作用，从而产生预期的结果。"（Clark，1997，45）

这些见解中有许多在信息加工方面仍然是有疑问的，因此可能与经典计算主义的一般原则相一致。正如 Shapiro 所言："从具身认知的角度看，传统观点认为操纵符号的认知过程的步骤可能来自身体的物理属性。"（2007，340）此外，即使身体正在做一些工作，认知主义可以很容易地声称它们属于预处理，是为了给中央处理环节提供更理想的输入，就像后处理在某种程度上是由作为中央处理器的大脑发出的指令决定的。

然而，更全面的、涉及本体觉和情感的过程可能会对经典概念构成更大的挑战。长期以来的经验表明，外围过程和情感过程对感知和思维有深远的影响（例如，Aranyosi，2013）。例如，诱发关于改变全身姿势的本体觉模式会被解释为感知环境的变化（Roll & Roll，1988，162）。对身体图式的本体感觉调整可以帮助解决知觉冲突（Harris，1965；Rock & Harris，1967）。姿势图式的实验改变会导致空间感知的变化和外部垂直和水平面上感知的改变（Bauermeister，1964；Wapner & Werner，1965）。同样，激素变化、体内化学变化，以及内脏和肌肉骨骼过程会影响感知、记忆、注意力和决策（Bechara et al.，1997；Damasio，1994；Gallagher，2005a；Shapiro，2004）。身体化学的管理并不具有自主性。"身体的管理、生存和精神紧密地交织在一起。"（Damasio，1994，123）

例如，在人类个体的象征性认知行为中，大脑与身体一起工作。当身体系统感到疲劳或饥饿时，这不仅仅是一种神经状态，这些情形会影响大脑的功能：身体调节大脑，就像大脑调节身体一样。大脑的某些部分，如下丘脑，是基于稳态原理，而不是可以被解释为表征原则的东西运行的。稳态调节是通过内分泌系统各部分和来自自主神经系统的信号之间的相互影响（主要是化学影响）发生的。低血糖水平可能意味着大脑变慢或变弱，或某些大脑功能关闭，或在极端情况下，会导致脑死亡。在低血糖的情况下，因为大脑"表征"了饥饿和疲劳，感知虽不被调节，但会因为感知系统（大脑和身体）实际的饥饿和疲劳受到化学上（物质上）的影响。在身体 – 大脑系统的复杂化学过程与环境的耦合中存在真正的关联性，在这个复杂的化学过程网络中，一个因素经常调节另一个因素。如果一个有性吸引力的人走进房间，我的饥饿感可能不会对感知产生太大的影响；虽然这与下丘脑（以及外部世界）的过程有关，但这并不是令人费解的下丘脑 B－表征的结果。

在具身认知的生物学解读下，经典的计算/功能主义思维实验完全失败了。如果适当的输入被传递到一个非具身的"缸中之脑"，认知功能和经验将会很相似，甚至与一个完全具身化的主体相同，这种观点没有考虑到外围和自主神经系统物理过程的贡献。正如许多理论家所指出的那样，要复制人类的经验或任何类似的东西，实验者将不得不复制在前期和后期的加工、激素和神经递质化学以及情感生活方面生物身体传递的一切。正如 Damasio 所言，这将需要创建一个身体替代物，因为"身体输入"毕竟是正常的大脑所必需的（1994，228；参见 Aranyosi，2013；Cosmelli & Thompson，2010；Gallagher，2005b）。

2.4　生成具身认知与激进具身认知

具身认知的激进观点建立在具身认知的生物学模型上，强调知觉是行动的概念，这种行动取向塑造了大多数认知过程。这种方法强烈呼吁从根本上改变我们的思维方式和开展认知科学工作的方式（如 Gallagher & Varela，2003；Hutto & Myin，2013；

Thompson，2007；Thomposon & Varela，2001；Varela，Thompson & Varela，1991）。Thompson 和 Varela（2001）支持 Clark（1999）对生成模式的三点总结：

1. 理解大脑、身体和世界的复杂相互作用需要非线性动力系统理论的工具和方法。
2. 传统的表征和计算的概念是不充分的。
3. 传统观点将认知系统分解为内部功能子系统或模块，这具有误导性，使我们无法更好地将其分解成跨越大脑 – 身体 – 世界的动力系统（Thompson & Varela，2001，418；见 Chemero，2009，29）。

正如我们在第 1 章所指出的，生成主义的方法类似于延展认知或分布式认知，它认为认知不完全存在于"大脑中"，而是分布在大脑、身体和环境中。动力系统理论可以用来解释大脑功能的复杂性，但也可以捕捉身体与环境的动态耦合。因为大脑是与一个更大的大脑 – 身体 – 环境系统耦合的。与 Clark 的功能主义观点相反，生成主义者声称身体过程以一种不可还原的、不可替代的方式形成并促进意识和认知的构成。

具体来说，根据生成主义的观点，生物的身体生活和情绪调节对认知有渗透作用，有机体和环境之间的感觉运动耦合过程也是如此。从生成主义角度描述的知觉强调将各种身体因素融入知觉。首先，正如 O'Regan 和 Noe（2001）以及 Noe（2004）所强调的那样，知觉依赖于感觉 – 运动权变。这意味着知觉是一种由运动或行动充当中介的实用、探索性活动，并受到感觉和运动过程间的关联关系的限制。我们可以从生态心理学的角度思考，一个人对环境的感知包括对自己的姿势和运动信息的知觉，而一个人的姿势和运动将决定一个人如何体验环境。通过对运动的控制，我们在环境中移动、伸手和抓握的能力和技能使我们对所感知的东西形成了特定的偏向性。我们看到的是可以用它们做什么，以及如何才能碰触和控制它们。

然而，在更全面的意义上，具身主义涉及的不仅仅是感觉－运动过程。一个只关注感觉运动权变的解释是不完整的，因为它会忽略情感方面的相关因素。这些因素包括"非表征的内部状态"（Perner & Ogden，1988）：不仅包括情绪和情感相关的因素，还包括身体状态如饥饿、疲劳和疼痛，以及激活身体－世界互动的复杂动机维度（Stapleton，2013；Colombetti，2013）。如上所述，与体内平衡有关的生物（化学）过程调节身体－环境耦合，并成为形成认知过程的循环因果关系的一部分。因此，与认知相关的具身不仅涉及解剖、感觉－运动权变和行动能力，更是一个控制认知和意识生活的复杂集合（见第 8 章）。

此外，根据生成主义的观点，要充分理解认知，我们不仅要考虑自主神经系统和内分泌反应带来的复杂的非表征和非传统过程，还要考虑社会和制度环境中的主体间互动的影响（Gallagher，2013a）。在弱具身视角下，社会互动通过模拟或表征他人心理状态的镜像神经元激活来解释，与之相比，生成主义者完全援引具身的动态互动，此互动依赖面部表情、姿势、动作、手势和不同形式的感觉运动耦合（Gallagher，2001，2005a；Thompson & Varela，2001）。具身的主体间互动对社会认知的重要性得到了发展研究的支持，这些研究表明婴儿从出生起就有这种互动实践。作为对他人意向和情感的社会感知，镜像神经元实施的并非模拟或简单的心理状态映射，而是可能有助于发展“初级主体间性”（Trevarthen，1979；Gallagher，2007）。语境和社会环境，包括规范因素则有助于发展 9 到 12 个月的婴儿的“二级主体间性”（Trevarthen & Hubley，1978）。主体间性支持知觉引导的互动，发展了社会认知的原则，并以任何单个大脑不能完成的方式产生意义（De Jaegher & Di Paolo，2007；De Jaegher，Di Paolo & Gallagher，2010；Gallagher，2009）。

因此，从生成主义的角度看，身体对认知的影响至少体现在三个方面，包括感觉 – 运动权变、情感因素和主体间性的影响。生成主义的观点包含了前一节提到的生物具身认知的许多特征，还借鉴了生态心理学的功能可供性理念（Gibson，1977），这已隐含在现象学背景下感觉 – 运动权变的概念里。感知源于 Husserl（1989）所说的“我能”（即从我能做的事物中看到物体的观点），或 Heidegger（1962）所说的“上手”（即我与世界的主要关系是实际的，而非被动的观察或理论思考）。这些观点被 Merleau-Ponty 在他的具身感知方法中采纳，并直接影响了 Gibson 的功能可供性概念。对环境的实用主义取向不仅是物质的，而且是社会和文化的，也融合了从“物质参与理论”中获得的深刻的观点

（Malafouris 2013），它强调人工造物、建筑和社会实践在形成我们思想过程中的作用。生成主义主张方方面面的丰富资源都能帮助解释认知。

2.5　四种具身认知并重

人们通常认为即使具身认知方法彼此不同，但它们一致反对传统的计算主义和表征主义，事实显然并非如此（见表2-1）。事实上，具身认知阵营内部的分歧主要是围绕这些问题的。但也许具身认知所取得的重要成果是，这些辩论已将计算主义和表征主义的问题公之于众并使之成为焦点，甚至那些不太认同具身认知方法的人也关注到了这些问题。因此也引发了最近对表征概念的大规模调查（如 Chemero2000；2009；Hutto2011a，2011b；Hutto & Myin，2013；Gallagher，2008a；Ramsey，2007），这些调查对思维分析哲学中的表征含义做出了谨慎和保守的解释（如Burge，2010；类似的分析参见 Crane，2009）。

表2-1　具身认知的不同理论

解读	弱具身认知	功能主义具身认知	生物具身认知	生成具身认知
认知部分	多重性，包括社会和更高阶认知	知觉/行动和更高阶认知	知觉/行动	知觉/行动，社会认知

（续）

解读	弱具身认知	功能主义具身认知	生物具身认知	生成具身认知
实验证据	神经科学，语言学，心理学	实验心理学，机器人技术，工程	生物学，实验心理学	发展心理学，神经科学，实验心理学
与经典计算主义一致？	是	是	中立	否
与表征主义一致？	非常一致	与"行动导向的表征"一致	一致性较弱	不一致

特别是对于生物 – 生态 – 生成主义方法来说，我们似乎有义务兑现一些承诺。例如，Chemero（2009）明确指出，在"表征缺乏"的任务中，从行动和知觉到更高的认知表征分析对"扩展"动力系统方法很重要（Clark & Toribio，1994）。"激进具身认知科学能在多大程度上超越认知行为的最低限度，仍是一个开放性问题。"（Chemero，2009，43）因此，在具身认知中，最重要和最有趣的争论之一存在于功能主义和激进生成主义之间，前者支持表征，回避任何有关身体本质主义的观点；后者否定表征，坚持身体不可消除的本质。该领域的主要理论问题之一，是有无可能整合这些观点（见 Menary，2007）。

在弱具身认知观念之间的理论方法上，明显存在实质性的差异，即关注大脑中 B – 模式表征的内部主义方法，以及包括整体身体与其物理、社会和文化环境的动态格式塔关系的外部主义理论。有人可能认为，我们可以选择一种混合理论，它将把大脑内部如何工作的 B－模式解释与外部主义的、生态的、生成的和延展的概念结合起来，这将允许参与认知的神经和神经外元素的整合。

然而，一些不可调和的分歧决定了弱具身认知和生成主义具身认知之间强烈的对立，并否定了这种富有成效的整合的可能性。我将在这里考虑其中两个方面。首先让我再次提到关于弱具身认知将复用假设应用于标记认知事件的小问题。回顾弱具身认知，我们会发现它包含两部分理论：既依赖 B－模式表征概念，又依赖复用假设。如果我们把复用假设应用于进化时间尺度，就像 Anderson（2010）最初计划的那样——或者我们把它也应用于发展时间尺度，遵循 Dehaene（2004）的"神经元循环"假说，它解释了一个人学习阅读时视觉系统的个体变化（特别是在"视觉词形区域"，它并不严格适用于基本或综合尺度的标志性神经元激活或象征性认知行为，正如 Goldman 在他的一些声明中所表明的那样。⊖正如我已经提到的，这可能是术语分歧的一小方面。我并

⊖　见第 2.1 节。这并不是要否认进化和发展因素解释了我们的大脑是如何构建和如何运作的。大脑是由这些复用的因素建立起来的，但它并不是为了在任何特定的情况下建立"复用"的一个特定的大脑区域或表征。例如，由于我对你的行为的观察，镜像神经元的激活并不是对我的镜像神经元的复用。可以说，我的镜像神经元已经通过种系发生或个体发生过程建立起来，以实现它们的功能。

不否认这个概念扩展到象征性案例的情况，而是认为弱具身认知和生成主义具身认知的差异同样适用于弱具身认知对种系发生、个体发生、认知象征维度等概念的借用，这在某种程度上削弱了弱具身认知强烈的内部主义倾向。

在进化的时间尺度上，人的大脑和身体一起进化。在进化过程中，身体获得直立的姿势，导致头骨和颌骨重组，允许进一步的大脑发育和语言使用，以及许多其他形态变化，包括手、脚等（见第 9 章）。在进化时间尺度上，复用完全与身体有关，包括形态特征的变化，这被弱具身认知视为微不足道（Goldman & Vignemont，2009，154）。大脑功能的变化，包括那些属于复用类别的变化，至少部分是由身体变化驱动的。

不只是人的身体，物理的、社会的和文化的环境都是进化和发展中理解神经复用或神经元循环的重要因素。大脑的进化不会在体外或在"缸中"发生。对文化环境的作用，例如特别是在与发展语境相关的方面，甚至在应用于 Pulvermüller 神经语言学方面的研究时，Goldman 关于神经复用的讨论也仍然没有直接阐明。然而，若将其当成 Goldman 所说的神经复用最好的例子，语言和文化之间的明显联系随即出现。也就是说，如果我们用这些术语来思考复用假说，理论中的重要部分甚至是那些在个体中涉及神经可塑性的部分（通过关联和赫布式的学习），会包含文化学习（Overmann，2016）。即使 Pulvermüller 是对的，[一]应该清楚的是，如果我们扫描说法语或说乌尔都语的人，像"挑"和"踢"这样的动作词也不会激活分别涉及手和脚的皮质区域。

　　然而，文化和语境的作用（包括身体和环境因素）甚至同样适用于认知的象征性情况。例如，Naumann（2012）认为，与句子上下文中的单词加工有关的运动模拟，比句子外的抽象动词所代表的意义更加具体。例如，"比尔抓起针"的模拟不同于"比尔抓起杠铃"，因为抓本身的性质（一个人的姿势，在这种动作中将付出的力量等）不同，涉及的运动激活也不同。重要的是，这个模拟的形成不仅取决于一个人知道杠铃是什么或者针是什么，还在很大程度上取决于一个人使用这些物品的经验，以及他的技能水平。人们当然可以期待新手和专业裁缝或举重运动员在使用"针"和"杠铃"等词激活神经调谐方面存在差异。同样，我们所说的"针"也可能在不同语境中有所区别（缝纫机、指南针、注射器），以及我们计划如何使用它——由于非常基本的身体图式

　　[一]　有一些证据反对这种类型的语义躯体学。并不是所有的神经成像研究都发现运动系统对动作词的反应都有所增加（Bendy & Caramazza，2011）；在运动前区域发现的激活，反映了与运动动作相关的神经区域没有必要的重叠或匹配（Willems，Hagoort & Casasanto，2009）；Postle 等人（2008）的研究表明，运动前皮层对与腿、臂和手相关的动作词的反应相同，但没有躯体局部分化，这表明这种激活可能只是与一般语言使用有关（Bedny & Caramazza，2011）。毕竟，语言的使用确实涉及运动的过程。更全面的讨论见 Naumann（2012）。

和意向因素，每种情况下的接触和把握都会不同。无论如何，像杠铃和针这样的东西并不能在进化框架中找到适当解释的实体。如果在这方面有相关的语义体感特定区域功能，就一定反映了可塑性和文化学习，这意味着这是一个"元可塑性"的问题，不仅神经元经历可塑性变化，身体和文化实践也发生变化（Malafouris，2013；Overmann，2016）。复用理论不仅适用于神经元和大脑结构，也适用于在与环境和他人的具身互动中符号资源的转化（Goodwin，2013）。

因此，通过对复用概念的思考，我们直接考虑身体和环境的作用，包括文化语境，这意味着我们将不得不放弃 Goldman 坚持的任何有关弱具身认知的声明。

弱具身认知和生成主义之间的第二个不可调和的差异是，似乎没有办法使外围的、自我平衡/自主的神经外角色和生态方面的表征，或物理的、社会的、文化的环境与纯粹的神经 B - 表征概念相融合。面对这些因素，更激进的生物 - 生成主义理论迫使我们重新思考大脑的工作方式。他们认为大脑，或者更确切地说，系统作为一个整体——大脑与身体和环境的交织关系被进化压力和个人的自身（社会和文化）经历所调谐——对世界做出反应，而不是表征它。具体来说，它不是通过表征回应，而是动态参与大量混乱的调整，涉及体内平衡、外部借用和调节，以及更大的规范实践。所有这些事物都有自己的结构特征，使特定的知觉行动循环反过来塑造神经系统的结构和功能。生成主义者认为，不单单是大脑，或拥有不同结构的身体，或物理的和社会的环境，而是所有这些在认知中共同发挥重要作用，这些方式不可简化为 B－表征（见第 8 章）。所有这些因素都破坏了 B－表征的解释作用，打乱了弱具身认知观所呈现的纯净画面。

即便弱具身认知主义和生成主义阵营之间的冲突不太可能出现明显的缓和，那么有没有可能整合功能主义具身认知的延展认知与非功能主义的生成主义？在某种程度上，这种可能性一方面使我们回到了在预测编码讨论中提出的问题（见第 1.5 节），另一方面也提出了涉及意向方面的新问题（见第 3 章和第 4 章）。

第3章 生成主义与延展认知的实用主义根源

Enactivist
Interventions

生成主义和延展认知的方法有不同的根源。生成主义的方法通常指向现象学和理论生物学；延展认知方法更容易受到心理分析哲学、计算模型和更普遍的认知科学的影响。然而，很少有人注意到，或者有时可能会偶尔注意到，这两种方法的先驱都是实用主义。在 Charles Sanders Pierce、John Dewey、Georg Herbert Mead 和其他实用主义先驱身上都可以找到关于延展和生成主义对认知概念的清晰陈述。虽然今天生成主义和延展认知方法在许多问题上都有分歧，但是实用主义者可接受这两种观点表明，实用主义观点也许可以帮助解决当前的一些争论，能让我们形成更综合的观点。我还将建议人们可以利用同样的观点来应对一些强烈的反对意见，这些反对意见是针对生成主义和延展认知模型提出的。我的目的不是要对实用主义如何预见最近的发展提供全面的历史说明；相反，我的目的是让实用主义在澄清和整合这些方法方面发挥作用，从而平息围绕它们的一些争议。不过，我首先简要说明一下生成主义和延展认知方法的实用性预期。

3.1　实用主义与生成观

生成观概念的起源，更广泛地说，生成认知的起源通常来自 Francisco Varela（如 Varela & Thpmpson & Rosch，1991），还可以追溯到 Husserl、Heidegger 和 Merleau-Ponty 的现象学根源。Husserl（1989）把"我能"的观点发展成了具身认知结构的一部分内容。在他看来，我利用环境做事从而感知事物。Heidegger（1962）更支持实用主义的观点，认为我们在世界中的主要方式——我们与各种事件和物体联系的方式，是"上手"（Zuhanden）的态度模式。在几乎所有的日常交往中，我都是以实用和行动导向的运用来理解世界，而不是以反思性的概念沉思或科学观察的知识或过度认知的态度来理解世界。Merleau-Ponty（2012）借鉴 Husserl 和 Heidegger 的观点，在他的感知分析中详细阐述了这一点，并着重研究了具身运动系统所发挥的重要作用。许多帮助发展生成主义认知观点的理论家受到 Merleau-Ponty 论述的影响，这些理论家不仅有神经生物学家 Varela，还有发展功能可见性理念的心理学家 J. J. Gibson（1977），⊖批判经典认知主义和强调具身化实践的哲学家 Hubert Dreyfus（1992），以及神经心理学家 Marc Jeannerod。他参加了 Merleau-Ponty 的讲座，后来发展了语义和实用感知的区别（Jeannerod，1994，1997；同见 Noë，2004；Gallagher，2005a；

⊖　Anthony Chemero（私人交流）指出，Gibson 向他的学生们分发了 Merleau-Ponty 的《感知现象学》的副本。有关从实用主义者角度对 Gibson 的进一步讨论，请参见 F. T. Burke（2013）；Chemero（2009）；Heft（2001）；Rockwell（2005）。

Thompson，2007）。[⊖]

　　生成主义的根源可以在现象学中找到，这已经是一个毫无争议的观点，生成主义者明确地承认了这一点。此外，任何熟悉现象学家的人都会清楚地看到，现象学哲学的某些实用主义方面促进了生成主义方法的发展。因此，令人惊讶的是，直到最近，生成主义者几乎很少提及实用主义的哲学传统。除了 William James（通常是他的《心理学原理》），实用主义者很少被引用。例如，在 Noë（2004）、Thompson（2007）或 Hutto 和 Myin（2013）的论述中，都没有提到 Peirce 或 Dewey。Varela、Thompson 和 Rosch（1991，30 - 1）对实用主义有一个引用，但与本文的生成主义没有直接的联系。[⊖]

⊖　我忽略了 Jerome Bruner（1966），他提出了一个早期发展生成（基于动作的）表征涉及运动记忆的概念，这在某种程度上是发展的基础。Bruner 直接借鉴 Piaget 的观点，并受到 Dewey 的影响（参见他 1961 年的 "After John Dewey，What?"）；1970 年左右，他在牛津的讨论小组中接触到了 Merleau-Ponty 的研究（见 Sohert，2001）。

⊖　我的目的并不是在这方面做一个详尽的调查，但我将注意以下几点。在最近的一期论文中，Andreas Engel（2010；见 Engel et al.，2013）确实强调了实用主义的相关性，但只是以最普遍的方式强调的，并表明这种相关性值得 "进一步探讨"（222）。Di Paolo、Rohde 和 DeJaegher（2010）在同一期发表的论文中，顺便提到了 Dewey。Richard Menary（2011）和 Pierre Steiner（2008，2010）指出了 Dewey 对经验的描述与认知外在主义描述的最近发展之间的联系，包括延展认知和认知的生成性描述。Mark Johnson（2008）对 Dewey 表示祝贺，并在某一点上将 Dewey 的转换概念等同于生成性（274）。Johnson（2017）对这些联系进行了详细的研究；Di Paolo、Buhrmann 和 Barandiaran（2017）确实在重要部分引用了 Dewey 和 Mead。然而，Chemero（2009）再次给出了最清晰、最深刻的解释，他将与生成主义相关的激进的具身方法与其他实用主义理念联系了起来。

　　尽管没有承认实用主义者的贡献，然而很明显，Peirce、Dewey 和 Mead 已经讨论过生成主义的中心概念。例如，Peirce 就提出了对生成主义非常重要的外部主义的转变："就像我们说身体在运动中，而不是运动在身体中一样，我们应该说我们在思想中，而不是思想在我们中。"（Peirce，CP5.289，n.1）反过来，Dewey 主张对感知的理解"不是从感觉刺激开始，而是从感觉 - 运动协调开始……运动是主要的，感觉是次要的，是身体、头部和眼部肌肉的运动决定了所体验过事物的感觉"（1896，358 - 9）。感觉 - 运动权变在 Noë 版本的生成主义中发挥了最明显的作用（2004；O'Regan & Noë，2001；见 Di Paolo, Buhrmann, & Barandiaran，2017），在 Dewey 的感知理论中也被赋予了首要地位。

　　Dewey 重申了这一观点，并基于他在著名文章《心理学中的反射弧概念》（The reflex arc concept in psychology）中提到的观点，即一个人的积极反应定义了生物体的本质，提出了大脑在认知中的作用，与现在具身 - 生成主义的观点接近。

　　生理学和与之相关的心理学的进步已经表明了心理活动与神经系统之间的联系。在这一点上，对联系的认知常常止步于此；较古老的灵魂和身体的二元论已经被大脑和身体的其他部分的二元论取代。事实上，神经系统只是一种保持所有身体活动协同工作的特殊机制。作为了解运动反应器官的器官，

它并非与它们隔离，而是与它们相互作用。大脑本质上是一个器官，用来对从环境中接收到的刺激和针对环境的反应进行相互调节，并对其做出反应。需要注意的是这种调节是相互的，大脑不仅能使有机体对现实中的任何物体产生的感官刺激做出反应，而且这种反应也决定了下一个刺激是什么。(Dewey，1916，336 - 7)

这与生成主义者的观点完全一致，即认知不仅仅是大脑过程的问题——认知主体不仅仅是"缸中之脑"，相反，大脑是身体的一部分，身体的动态调节是双向的，大脑在生物学和功能上都依赖于身体的其他部分，与环境是动态互动的（见 Cosmelli & Thompson，2010；Gallagher，2005b）。

身体是动态互动的一部分，或者如 Dewey 所说是与环境互动的一部分。George Herbert Mead 在描述身体周围可触及的个人周围空间，或者他所谓的"操纵区域"时对此做过描述。秉承生成主义的精神，他提到感知中存在的不是感知对象的副本（表征），而是对所看到物体的"抓握准备"（1938，103）。因此，对操纵区域内的物体的感知总是"相对于有机体对它们采取行动的准备情况，就像它们进入操纵区域时那样……我们看到的是我们将处理的物体……我们只'意识到'感知世界中那些表明直接或间接确认的、已完成的操纵的东西"。（1938，104 - 5；关于操纵区域的更多信息参见第9.5 节。）

正如操纵区域、反应依赖刺激、感觉 - 运动协调和外在主义等概念在最近的生成主义主张中被一再提及，其他实用主义概念也预测了延展认知的最新研究。

3.2　实用主义和延展认知

延展认知理论家在承认实用主义学者的预示方面做得稍好一些，但也只是如此。虽然 Clark 和 Chalmers（1998）的经典论文引发了关于延展认知的讨论，但没有提到实用主义，Clark（2008a）在 *Supersizing the Mind* 中开篇即引用了 Dewey 的观点。

手脚、各种器具和大脑的变化一样，都是思维的一部分。因为这些物理操作（包括大脑事件）和设备是思考的一部分，思考是精神层面的，不是因为一个特殊的东西进入它或特殊的非自然活动构成它，而是因为物理行为和器具的作用：他们被使用的独特目的和他们完成的独特结果。（Dewey，1916，8 - 9）

但是，Clark 在书中没有进一步讨论 Dewey 或其他实用主义者。⊖然而，对 Dewey 的引述预示了 Clark 想表达的观点。Richard

---

⊖　这段引述是因为 Pierre Steiner 曾提醒 Clark 注意 Dewey 的观点。（Clark，2008a，8；见 Steiner，2008，2010）。也可参见 Claudio Paolucci（2011）对延展认知和 Pierce 符号学之间联系的论述。

Menary（2007）是与延展认知方法密切联系的人物，他确实理解
其与实用主义的联系。事实上，在著作 *Cognitive Integration* 中，他
呼吁用 Dewey 有关生物 - 环境交互的概念描述具身认知是如何整
合环境的。下面我将回到他的分析上来。Menary 还指出了 Peirce
的"连续性原则"，作为理解内部主义和外部主义表征概念之间
中立基础的重要来源，它要求认知和世界之间没有深层次的形而
上的不连续性（2007，129）。事实上，我认为很明显 Peirce 已预
见到这将会成为延展认知的内容。

一位心理学家剪掉了我的一个脑叶，然后，当我发现我无
法表达自己时，他说："你看，你的语言能力局限在那个脑
叶。"所以，如果他偷了我的墨台，我就不能继续讨论，直
到我得到另一个墨台。是的，我根本不会想到这些想法。
所以，我的讨论能力也同样局限于我的墨台。 （Peirce,
CP7. 366）

这和 Clark 关于 Otto 的手册的例子很接近，Otto 用手册来保存
和记录他的记忆。Peirce 对此进行了相似的预测。"在我看来，一
个在世作家的思想存在于他的书中比存在于他的大脑中更真实。"
（Peirce，CP7. 364）

事实上，Peirce 认为人工制品可以发挥认知的作用，这意味
着延展认知假说是对 Lambros Malafouris（2013，9）的"物质接触

理论"的延伸，⊖甚至可以包括社会实践和机构，如科学机构（见 Gallagher，2013a；Merritt & Varga，2013）。对 Peirce 来说，"将化学家的蒸馏器和蒸馏瓶视作思想的工具或逻辑机器，这并不是一种修辞手法"（1887，168）。对化学烧瓶和试管等人工制品的操作，激发了化学家的一种非常具体的思维方式。在这方面，"思想不仅在工作中表达，还在工作中执行"。⊖对 Peirce 而言，正如 Aydin（2013，16）所解释的那样，"心灵有一个人为的角色"。

虽然 Karl Popper 通常不被认为是传统意义上的实用主义者，但正如 Skagestad（1993，1999）和 Aydin（2013）所暗示的那样，他受到 Peirce 这些思想的强烈影响，这清晰地体现在他的一些陈述中，这些陈述可能被认为是 Peirce 思想的延伸。例如，Popper 认为，一些认知是身体外部的（但不一定是独立于身体的）。

⊖ 令人惊讶的是，Malafouris 在 2013 年关于这方面没有引用 Peirce，也没有提到 Dewey 或 Mead。

⊖ David Kirsh（2005，157）曾引用 Peirce。Kirsh 解释说："C. S. Peirce 喜欢以先见之明的方式说，一个化学家用试管和烧杯来思考的时间和用他大脑思考的时间一样多。他的见解是，操纵工具的活动，在 Peirce 的例子中，操纵了丰富的表征工具和结构，如测量设备、可控制的火焰、图表中的线条、书面文字，这种活动是整个思维过程的一部分。没有内在的成分，没有真正的思想轨迹，也没有它的外在表达。外部活动是思维过程的一个组成部分，尽管对 Peirce 来说，它必须不断地被重新解释为是有意义的。"

然而，我感兴趣的是这种外部进化：不是培养更好的记忆
和大脑，而是种植纸张、钢笔、铅笔、打字机、口述电话
机、印刷机和图书馆等，而最新的发展（同样支持我们的
观点）就是计算机。（Popper，1972，238 - 9；另见 225，
n. 39）

Dewey 认为，思维涉及的不仅仅是"扶手椅"似的认知，这
直接源于 Peirce 的外部主义，因为这不仅涉及身体，还涉及各种
各样的设备和器具，它们和大脑一样重要。F. Thomas Burke
(2014) 指出，Dewey 和 Mead 在前计算时代都提倡一种更具达尔
文主义的功能主义概念。主体倾向于使用任何可用的东西来解决
生存问题，这延伸到"各种设备和器具"。其中的重点不是计算
解决方案的工具，而是将它们纳入延展的表型（Dawkins，1982），
这个想法可能更符合 Kim Sterelny 的"小众建设模型"的进化，
它强调主观能动性及主体对世界的自适应性 (2010)，而非 Clark
的功能主义。在这方面，第 2 章中讨论的复用概念应该通过元可
塑性的概念（Malafouris，2013）扩展到文化实践领域——我们不
仅将我们的神经元用于新应用，还复用我们器具。

3.3 Dewey 的情境概念

我在本节的重点将从这些历史联系转移并聚焦于 Dewey 的情

境概念。这个概念将提供一种富有成效的方式，来促使 3.4 节中的生成主义和延展认知理论之间的调和。

Dewey 的认知观主张解释单元不是生物个体、身体本身或大脑，而是有机体 – 环境。有机体和环境并不是两个自给自足或容易区分的事物。相反，我们总是能发现它们在一起时处于一种动态交互关系。⊖实际上，它们以一种方式耦合在一起，把它们分开就是摧毁它们，或把它们当作理论的抽象物。一个有机体在某些环境之外永远不存在（也永远不会存在）；环境只是与定义它的特殊的有机体存在联系。"在实际经验中，从来没有孤立的对象或事件；一个物体或事件总是一个经验性的环境世界的特殊部分、阶段或方面——这个环境就是一种情境"（Dewey，1938a，67）。虽然"有机体"似乎是一个非常生物学的术语，通过这种方式描述它与环境的关系，Dewey 的概念与在现象学中发现的生命概念非常相似，但与 Körper 的"客观主体"有区别。有机体和环境都不应该被非常严格地、客观地看待，因为它们相互关联，同时也是相互定义的。

个体生活在世界中实际上意味着，具体地说，它们生活在一系列情境中。"在"这个词的意思与在其他语境中的意思不同，如硬币"在"口袋里或油漆"在"罐子里。它的意思

⊖ 关于 Dewey 对动力系统方法的预期，请参见 Rockwell（2005）。

是……这种互动发生在个体、物体和其他个体之间。情境和互动的概念是不可分割的。（Dewey，1938b，43）

有机体与环境的协调耦合建立的具体方式，与一个共同关系系统如何能够成功地为生存目的服务有关。当有机体与环境的耦合出现问题或开始崩溃时，Dewey 的情境概念就出现了。在某种程度上，有机体 - 环境被认为是一个自组织系统，追随 Varela 的一些生成主义者将其称为"自创生"系统，即使运行良好，它也处于不确定的状态（见 Di Paolo，Buhrmann & Barandiaran，2017，236）。当它开始出错时，我们就有了 Dewey 所说的问题情境，它需要重新配对，重新建立一种可行的耦合。这些都是产生经验的持续过程。在这种情况下，认知是一种探究，同时被理解为一种实践活动。通过它，我们将有问题的情况转变为一种不那么混乱和更容易理解的情况，并开始出现成功行动的想法。一个想法主要不是头脑中的一个智力实体，而是"在观察条件下对某些操作和执行将会导致什么的有机预期"（Dewey，1938a，109）。在这方面，Dewey 受到了 Peirce 观点的影响，即在应对有问题的情况时，我们使用物理工具和思想来在物理上重塑环境。这包括语言工具，在交际语境中可以用来重塑情境的动态。对 Dewey 来说，思想、手势和言语本身就是这种互动的工具。

在 Dewey 的情境概念中，需要注意的重点是，情境并不等同于环境。也就是说，有机体并不是被置于一种环境中。相反，情境是由有机体与环境构成的，这意味着情境已经包括了主体或体验主体。关于这一点，可以这样理解：如果我处于一个有问题的情境，我不能对这个情境有严格的指向性，因为我的指向是情境的一部分，我的话语是其中的一部分，我不能把它说成是某种客观的因素。我的运动也是情境中的运动。因此，解决问题情境的技巧不仅是重新安排环境中的物体，还是重新安排自己——让自己调整自己的行为。事实上，一个人对物体、手工物品、工具、实践、社会关系或机构所做的任何调整与对自己的调整都是一样的。[⊖]

关于这种情境的概念，需要注意的另一点是，对 Dewey 来说，它几乎总是社会性的。也就是说，对于人类个体来说，环境并不仅仅是物理环境，它是物理性的和社会性的。即使在一个特定的环境中没有其他物体的存在，无论在字面还是客观意义上，只要涉及与有机体（即主体）耦合，就仍然涉及社会维度。同样，当我们试图解决一个问题时，即使我们独自行动，我们的行动都涉及社会层面。这个想法被 Mead 采纳并在文章中明确表达出来了。

我们没有必要和别人谈论才能产生这些想法。我们可以与自

⊖ 预测编码中的主动推理概念并没有真正接近这个复杂的有机体–环境耦合或相互调整，不仅因为它是一种推理，还因为它被描绘成有机体获得外部环境信息的过程。

己交谈，这是我们在我们所谓的内部思想平台上所做的。我们只是尽可能地拥有自我，并且确实采纳别人对自己的态度，并对此做出回应……我们假设群体的普遍态度，审慎地站在意象和内心交流的门口，对话语法则和公理做出判定……我们的思维是一种内在对话，我们可能用特定人的角色来和我们自己对话，但通常是我所说的"类化他人"，从而达到抽象思维的水平。这种非人格化的水平，即我们珍视的所谓的客观性。（Mead，1964，287 - 8）

因此，对 Mead 来说，一个人的自我和思想在人类的行为中以一种贯穿的社会性方式出现。正如 Burke（2014）所说，实用主义者正在拥护一种社会外部主义。这意味着在任何情境下，什么是重要的将取决于现存的有机体如何动态地彼此耦合或与它们的环境耦合。例如，用 Gibson 的术语来说，对象是什么取决于它"提供"什么。然而，功能可供性的定义不是客观的，而总是与人类作为动物的特性——与一个人所拥有的身体类型有关。只有当有机体有可弯曲的关节时，椅子才可以坐（或解决问题）。各种功能可供性也会以某种方式改变。如果别人已经坐在椅子上了，那么椅子就不能用来坐了。一个重的物体可以被举起，但只有在有其他人帮助时才可以。我的行动，或我们的共同行动，或集体行动可以定义一个特定物体对情境的意义。"物体作为我们行动的模式存在于自然界。"（Mead，1964，289）

　　这显然与生成主义的观点一致，我们通过个人和联合行动确定世界的意义，这也明显地符合延展认知的理念。在 Clark 和 Chalmer（1998）的著名例子中，Otto 的手册使他有了解决问题的能力。其他人可以而且经常发挥同样的功能，而且在更大的方面，Mead 的"类化他人"的概念可以作为一个延展的知识档案。这确实促成了延展社会认知的概念，我们可以动态地参与复杂的社会机构和社会实践，以完成某些认知任务或解决问题（Gallagher，2013a）。

3.4　和解

　　我们试图将具身的、嵌入的、生成的和延展的认知作为一个统一体，即"4E"，替代经典的、计算的、大脑的、认知主义的方法，生成主义的方法通常与延展认知假说相关。然而，在生成和延展模型之间存在重要的差异，正如我们在第 2 章中看到表征概念对于理解认知重要性时存在具体的差异。生成主义者们反对延展认知理论家的功能主义，因为他们忽视了有生命的身体在认知中的特殊作用，认为一个人可以使用假体部件来接管或增强身体功能（如 Thompson & Stapleton，2009）。一个相关的分歧涉及表征在行动导向的感知和基本认知中的作用（见第 5 章），或高阶表征在特定身体动作的转化过程中的作用（如 Clark，2008a）。这种差异是否会继续成为一种令人不安的重要问题，或者人们能否创造出一个延展认知的生成主义版本，或许能通过转向实用主义来得到澄清：后者不仅表达了生成主义者的倾向，还接受了延展认知的理念。

这在很大程度上取决于我们如何理解有机体－环境之间的耦合关系。事实上，大多数延展认知的支持者运用了功能主义框架，但这并不意味着这是理解延展认知的唯一方法。如果我们遵循Clark 的观点，那么我们就必须接受高阶表征的观点，高阶表征"远离精细感觉运动细节"（2008，179）并在关键时刻完成耦合。内部表征对可能由于身体差异而导致的输入信号的差异进行了分类。因此，具有不同身体的动物（或机器人）原则上可能会体验相同的世界，只要一组表征（显然在这些情况下以不同的算法运行）过滤或适当调整。例如，由于眼睛结构的不同，视觉输入可能有所不同，但差异可以在表征层面得到了解决，在这种情况下，身体的相同形状、结构或设计就不那么重要了。相反，如果我们遵循 Thompson 和 Varela（2001）关于激进生成主义具身的概念，身体就会完全不同，它就会进入主体的体验。也就是说，正如理论生物学家（从 von Uexküll 到 Maturana 和 Varela）告诉我们的那样，每一种动物都有一个不同的世界（见 Chemero，2009，185ff，以供讨论）。青蛙感知的与人类完全不同，主要是因为青蛙有不同于人类的身体结构（包括不同的眼睛结构和非常不同的大脑），这定义了不同的功能可供性。

像 Dewey 这样的实用主义者能对这个问题做出决定吗？Dewey所定义的有机体－环境和情境等概念表明，可以存在一个基于生成主义原则而非功能主义原则的延展认知理论。青蛙、机器人和人类的生活世界将会与由不同类型的有机体 - 环境交互构成的世界有所不同。实际上，认为青蛙、机器人和人类需要居住在同一个有意义的感知世界，而不是一个与生物相关的世界，是没有进化论意义的。在动态关系中，有机体和环境必须一同考虑，所以如果在生物体中存在差异或调整，人们就会发现在所经历的环境中存在相关的调整和差异。相应地，动物制定了一个适合其具身需求的生态 - 认知生态位；有机体定义了其覆盖范围的操纵区域，因此也定义了它周围世界中事物的实际价值。对动物来说，无论如何，它的神经表征的变化都不会改变它的肢体或（对于青蛙）它的舌头与环境相互作用的物理事实。神经表征的变化（如果存在）通常会反映身体的形状和结构的参数，而大脑的弹性变化会与身体的变化和身体结构允许的变化有关。至少，这是一个符合实用主义（和进化论）原则的观点。这对于非生成性的（非包容架构的）机器人可能会有所不同，对这些机器人来说，表征是规则。在半机械人存在的情况下，这可能取决于操作原理是遵循生物可塑性（就像我们的人类操作系统）还是计算刚性。如果由于某种原因，执行控制僵化，要么系统其他部分的生物可塑性将适应这种差异，要么系统可能会停止工作，或者以一种病态的方式工作。然而，无论怎样，生物体都会去完成重要的任务。[⊖]

⊖ 更多关于神经和表型可塑性的信息见 Menary（2013）。

然而，用生成主义原则代替功能主义原则并不能排除延展认知的概念。相反，它只是强化了这两种方法背后的一个要点，即我们需要以不同于传统内在主义模式的眼光来看待心智。作为延展性和生成性的心智，包含于 Dewey 定义这个概念的方式。心智不仅包括我们的笔记本、计算机和其他认知技术，不仅是社会和文化实践，也不仅是帮助我们解决各种认知问题的机构，它也包括我们自己。我们以一种形式存在于这个世界，这种形式不能简化为在周围的物理空间中占据客观位置的实体，在某种程度上，世界也不能简化为一个人大脑中对世界的抽象。作为有心智的人，我们绝对是"在那里"，与人工制品、工具、技术、社会实践以及延展我们认知过程的机制进行动态耦合。在这方面，生成的和延展的心智都是，或至少应该属于心智。

3.5　对异议的回应

这些关于生成和延展认知的实用主义先行者的理念，能否对当前针对这种方法的批评提供回应呢？实用主义在许多方面强化了生成认知 – 延展认知，并遵循 Menary（2007）等理论家的建议提出了一种综合性的方法。Menary 深受实用主义的影响，对反对延展认知（以及生成主义）的意见进行了整体回应。

让我们再回顾一下对耦合结构的反对意见（Adams & Aizawa，2008），即，延展认知混淆了因果关系和构成关系。Adams 和

Aizawa 反对的立场如下："如果一个认知主体与以一种'重要'的方式与外部世界的物体互动——如果主体耦合到一个物体，那么主体的认知加工过程就由延展到那个物体的过程构成。"（Adams & Aizawa，2010，582）Menary（2010a）的回应是：这种对延展认知的描述假设了一个预先存在的认知主体，其具有内部心理表征，与一个独立于它们的外部世界发生因果作用。然后问题就变成了解释主体如何将环境元素融入自己的认知。实用主义者会问，为什么人们应该假设主体在认知上独立于环境，或者仅仅与环境有因果关系？对实用主义者来说，有机体和环境不仅是相互具有因果关系的事物，还是在有机体－环境这种关系中相互构成的（如第 3.4 节所述）。在与环境耦合之前，生物体不是一个认知主体；环境是创造生物体的一个必要的、构成性的元素。具体来说，生物体的认知能力是通过它与环境中可用（交易或操纵）的结构耦合的方式改变的。

Adams 和 Aizawa 认为认知主体是独立于环境预先存在的，这与他们认为所有认知都存在于大脑中的观点相关。然而神经加工本身就是一个因果因素。这并不排除它也可以是构成性的，因为正如第 1.3 节所说，因果因素可能是构成性的，不仅仅是因果性。那么问题是，什么使神经过程（或任何因素）具有构成性呢？Menary（2010a）认为，Adams 和 Aizawa 未能提供一种用以区分因果关系和构成关系的方法。

我认为在这方面有三件事情需要说明。首先，Adams 和

Aizawa 确实有一个理论来区分心理现象和非心理现象，即非衍生的意向性。在这个意义上，他们指出了事物构成心智的标准，即使他们没有提供一个一般原则来区分因果性和构成性因素。其次，人们是否应该把非衍生的意向性看作可还原为大脑过程的东西，这是一个独立的问题。如前所述，大脑只能借助大脑 – 身体 – 环境系统的整合，并只能通过与身体和环境过程进行动态的、非线性的互动来完成一些动作。[⊖]这样，原则上我们没有理由认为认知属于任何事物，而非一个动态整体系统的一部分。最后，即使非衍生意向性是心智的标志，即使我们能就非衍生意向达成一致，但也不清楚构成心智的标志是否只有一种。

什么是非衍生的意向性呢？它是心智的标志，还是只是心智的一个非必要的方面？人们可以提出这样的问题，因为正如我在下一章将明确指出的，意向性的问题并没有完全解决。一些心理现象可能是非意向性的，如某些情感状态（Husserl，1982a，36；Searle，1992）。正如 Tim Crane（1998）指出的，疼痛感是一种精神体验，但不一定是有意向的。Shapiro（2009，268）也指出，原始内容的概念仍然模棱两可。因此，关于什么是衍生的，什么是非衍生的，什么是原始的意向性仍存在争论。Adams 和 Aizawa 认为，像信仰和其他态度类命题就是非衍生的意向性；但实用主义者和新实用主义者认为，这些命题本身来自于一种更原始的具身

⊖　Chemero（2009）认为，仅仅存在这样的非线性关系，或者，如 Orestis Palermos（2014；2012，58ff）认为，包含这种关系的连续相互作用，可以作为"构成"的客观标准。

化的意向性，而 Husserl 和 Merleau-Ponty 等现象学家将其称为操作或 "运动意向性"（见第 4.4 节）。Robert Brandom 参照经典实用主义非常清楚地阐述了这一点。

> 实用主义的一个基本观点是，最基本的意向性（在针对对象的意义上）是一个有知觉的生物因熟练处理其世界而表现出来的对对象的实际参与。（2008，178）

Brandom 作为一个新实用主义者，认为这种意向性比基于命题的 "语义意向性" 更为基本。它涉及跨越身体和环境的反馈控制过程，并且表现出 "如果不参考世界上由系统反应所产生的和被反映的变化，原则上就不能说明这种复杂性的特点……（这种实践）在本质上涉及对象、事件和事物状态的意义，是'密集'的。世界的各个部分都被纳入这样的实践"（178）。这样看来，非衍生的意向性可能并非 Adams 和 Aizawa 所认为的那样。

人们还会产生进一步的疑问，意向性，无论是衍生的还是非衍生的，是否一定是心智的唯一标志呢？如果仔细考虑诸如情绪和自我体验这样的现象，我们可以争辩说，这些现象，以及更普遍的心智本身，确实是由各种因素构成的，其中没有一个因素是必要的，但其中一些因素确实足以构成心智（Gallagher，2013b）。例如，情感可以被描述为涉及以下要素：自主神经过程（例如，James，1884）、行动和行动倾向（Frijda，1986）；公开表达；现象感受；认知方面，如态度、注意力的转移和感知的变化；以及意向性（Goldie，2000）。其中任何一个要素可能是情感的独特标志吗？Newen、Welpinghus 和 Jukel（2015）认为，并不是每一种情绪都有不同的自主模式，不同的情绪不需要有不同的自主模式（Prinz，2004）；此外，一些情绪，如幸福，可能不包括行动倾向；有些可能不包括表达性特征；而在某些情况下，尽管很罕见，典型的生理、表达和心理方面可能存在，而现象方面却不存在（如那些倾向于压抑恐惧的现象，见 Sparks，Pellechia，& Irvine，1999）。事实上，任何特定的特征，包括心理和意向性的特征，可能存在，也可能不存在，然而这些特征的数量可变的存在足以构成一种特定的情绪。在这种情况下，一种标记的模式而不是一个独特的标记可能区分心理和非心理现象。

类似的考虑也适用于自我的概念，在这里我们可能会发现有多种因素以典型的模式组织起来，包括具身的、最小的体验性的、情感的、主体间的、心理/认知的和/或叙述性的元素（Gallagher，2013b）。James（1890）讨论了自我的延展，认为我们所谓的自我可能包括物理的财产，比如衣服、房子和我们拥有的各种东西，因为我们用我们的东西来识别自己，也许还有我们使用的认知技术，或者我们依赖的认知机制。

人们可以争辩说，广义上这种相同的模式理论适用于心智本身。心智（或精神）是由多方面或多要素的模式构成的，并非所有的方面或要素在每一种情况下都是必要的，但其中一些在本质上是充分的。这给"心理有一个独特的标志"的观点带来了压力。为了完成这方面的实用主义框架，让我补充一下情感、自我概念，以及更普遍的我们所说的思维在本质上涉及情境的方面。例如，Dewey 在早期关于情感理论的文章（1894，1895）中，不仅强调了情感的行动导向，还指出，情感不能被还原为一组身体状态，因为身体总是与环境相耦合，而且总是包括情境方面。就自我而言，这些方面在塑造我们的过程中扮演着一些（主要的或次要的）作用。它们可能包括我们成长时的家庭结构和环境、定义我们的思维和生活方式的文化和规范实践，等等。即使在定义类似信念的东西时，我们也不应该认为它可还原为大脑的功能状态，因为信念可能是由不同情况下的性格倾向或行动倾向构成的。

在本章中，我已经表明：认知的生成主义和延展认知方法的许多见解，在实用主义者如 Pierce、Dewey 和 Mead 那里都有所预示。然而，这不仅仅是一个有趣的历史事实。实用主义者的作品充实了对各种关于认知的具身化和情境的描述，这表明生成主义和延展认知并不一定存在冲突。我已经论证过 Dewey 的情境和有机体－环境的概念可能提供了一种方式，来发展基于生成主义而不是功能主义原则的延展认知理论。此外，这种实用主义－生成主义版本的延展认知可以更好地回应批评者提出的反对意见，他们实际上同意最初的延展认知假说的一些功能主义观点。具体来说，实用主义的观点会认为，非衍生的意向性不能归结为大脑中的物理或功能过程，但它最好被理解为与环境互动的一种更具身的形式。非衍生的意向性，作为一种基本的运动意向性，是有机体与环境行动导向的耦合。此外，即使在这种意向性的概念上，非衍生或衍生意向性都不是心智的唯一标志。正如 Dewey 等实用主义者所证明的那样，意向性只是构成心智模式的一个可能要素。

第 4 章　生成的意向性

Enactivist
Interventions

如第 3 章所示，关于心智的哲学中最核心和最具争议的问题之一是意向性的本质。在某些情况下，意向性被简单地归为表征的概念；在某些情况下，在据称是原始的或非衍生的形式中，它被定义为心智的标志。然而，意向性的概念是一个复杂的概念，有着悠久的历史。现象学和分析传统都可以追溯到以 Brentano 为起点的意向性定义，而 Brentano 的定义源于中世纪。

每一个心理现象都是中世纪的经院派所谓的意向式（或精神式）不存在的对象，我们可能将它称为（虽然不是完全明确）对一个内容的指代、对一个对象的指向（不能理解为意味着一个物体），或一种内在的客观性。每一种心理现象都包括一些内在的事物……（Brentano，2008，88）

在这方面，Brentano 认为意向性是区分心灵和身体的标志。意向性是心灵的标志，Brentano 理解的心灵包括心理行为、它们的内容以及它们之间的关系。

在本章中，我将探讨一些意向性的概念，并概述一些论点，更多的结构性内容将在后面的章节中呈现。我认为第一，尽管生成主义和延展认知方法都支持非笛卡尔、非内在主义的心智概念，但只有当我们采用生成主义的意向性概念时，才开始看到这种心智概念是什么；第二，只有通过采用这种意向性模型，延展认知假说的支持者才能够反驳那些坚持用非衍生内容来定义"心智标记"的批评者（如 Adams & Aizawa，2001，2009）；第三，任何关于意向性的描述都将与社会认知领域的一些有争议的问题密切相关。

4.1 心智与行动中的意向性

Brentano 的观点，或 John Haugeland（1990）所说的新笛卡尔的意向概念，最近被 Terry Horgan 和 Uriah Kriegel 所捍卫，他们将它称为"传统的、强烈内在主义的、广义的笛卡尔心智图景"（2008，353）。在此观点下，心智在某种程度上与它周围的一切都是不连续的，但同时也自然地与大脑相连。Horgan 和 Kriegel（2008）将这一内在主义观点总结为以下六个命题：

1. 心智凭借其作为现象性意识（具有内在性现象性和意向性）的本质而表现出意向性。

2. 意向的内容是狭义的，也就是内部的，并且可以在"缸中之脑"的比喻中实例化，这反映了典型的心理状态有严格的神经关联的事实。

3. 意向性是主观的——只针对体验的主体。

4. 意向性同时适用于感觉状态和认知状态。

5. 意向性是非衍生的。

6. 意向性是心智的标志。

这显然是一种把意向性定位在头部的观点，将其限制为传统的内部心理状态，并将非衍生的意向性视为心智的标志（Horgan & Kriegel，2008；Horgan & Tienson，2002）。

然而，非衍生意向性（或非衍生内容）的概念并没有确定的基础，因为对于什么样的新笛卡尔图景是意向性的还存在分歧。Husserl（1982a，36）和 Searle（1992）认为，并非所有的心理经历都是有意向的。例如，疼痛的体验是一种心理体验，但不一定是意向性的（Crane，1998）。此外，正如 Shapiro（2009，268）所指出的"现在还没有关于最初的'原创内容'如何产生的理论"。

此外，在反对延展认知假说的内在主义论点中，关于什么构成了心理标记，或者什么构成了非衍生性，这些问题不可能回避一些关于延展认知过程的问题。也就是说，正如第 3 章提出的，似乎有可能存在一种非衍生的意向性理论，与生成主义和延展认知的解释所提出的非常不同的心智概念相一致。

值得说明的是，关于意向性的讨论超越了现象学和心理分析哲学中对心理状态意向性的狭义讨论。在现象学中，Husserl 引入了操作（功能）意向性的概念，而不是行动意向性。后者包括感知行为的意向性或记忆和想象等。前者试图捕捉这样一个事实，即经验主体通过行动有意地与世界接触，这些行动不能简化为简单的内部心理状态，而是涉及 Husserl 所说的身体意向性（1977，39）。Merleau-Ponty（2012）目前进行的意向性分析就集中在这一点上。身体行动是有意的，不仅因为它们是基于意志的，还在于它们是针对某个目标或项目的。此外，这种行动的意向性是其他人可以感知到的。

同样地，在心理分析哲学中，我们发现关于主体意向性的讨论超越了心理状态意向性的概念。例如，Haugeland（1990）将新笛卡尔主义的意向性概念与新行为主义和新实用主义的概念进行了对比。新行为主义者和新实用主义者的意向性概念都有一个共同的特征：外部主义的意向性是我们可以在行为中辨别出来的东西，而不一定隐藏在头脑中。在这方面，他们似乎是支持生成主义和延展认知理念的。

4.2　新行为主义与心智理论

新行为主义的观点体现为 Dennett 的"意向立场"，他通过观察对一个主体从事理性行为的活动进行解释，并据此把主体当作

"拥有信仰、欲望和其他心理状态的人，其行为可以根据这些状态的内容来解释（或预测）"（1991，76）。请注意这种说法中的两点：首先，意向性主体（或系统）的概念始于对主体行为的考虑，但这几乎立即将我们带回到关于心理状态意向性的问题；其次，这种意向性的概念提出了关于社会认知或心理理论（ToM）的问题，也就是说，将心理状态归于他人。Phillip Pettit 提供了类似的解释：意向性主体"是以一种方式参与到环境中的主体，我们将信仰和欲望归于他们"（1996，10）。将信念和欲望归于他们，是基于我们观察到的行为规律，即通常被认为的"理性规律"（11）。

然而，与新行为主义模型的主张相反，在意向性归因的实践中，我们并不总是将另一个主体的有意义的行为视为理性行为，或视为针对特定期望目标的工具性行为。例如，如果我们看到有人听讲座时做手势或点头，我们总能确认他们的意向性，即使我们并不一定总是理解手势或点头表达的意向性出于什么特定的信念（手势或点头的意义）或欲望（如打动讲师）（Miyahara，2011）。另一个例子涉及与性相关的意向性。Merleau-Ponty 的描述让我们能更多地了解操作（或身体）的意向性。

情色知觉不是思维活动对思维对象的意向性，而是一个身体针对另一个身体在现实世界中完成的。对我而言，一个想象的情色场景没有任何意义，甚至可能使性器官或快感和它产生错误的关联；有意义的是当其确实发生在我的身体上，刺激将连接到

情色场景，并调整为相适应的性行为（Merleau-Ponty，2012：159）。[一]

即便情色意向性确实与欲望有关，或与行为和信念之间的某种归因/推理关联有关，它也不是命题态度或工具理性，不能简化为一组可观察的行为，而是一种似乎超出了大众心理学术语的意向性形式。

然而，正如新行为主义者对意向性立场的描述所表明的那样，他们依赖一种涉及心理状态（或心理状态意向性）的常识或大众心理学，并将其作为把意向性归因于主体的基础。此外，新行为主义断言，说一个主体拥有意向性，"只与一个试图解释和预测其行为的人的策略有关"（Dennett，1971，87）。从这个观点看，我们还不清楚感知主体是否拥有类似原始意向性的东西。因此，我们只能在把主体作为被观察者时才说它拥有意向性，但这无法解释主体在没有观察者的情况下（没有人试图解释和预测其行为）可能拥有自主意向性（并能将意图归因于自己）。这似乎与我们

[一] 这是 Dennett 的原始公式："它是这样运作的：首先，你确定把被预测行为的对象当作一个理性的主体；然后，通过考虑它在世界上的地位和它的目的，确定它应该有什么信念；同理，再找出它应该有什么愿望；最后预测这个理性的主体如何根据它的信念进一步实现它的目标。在大多数情况下，从所选择的信念和欲望中进行一些实际推理，就能确定主体应该做什么，而这就是你预测主体将要做的。"（Dennett，1987，17）

为了理解自己或他人而提出的常识或大众心理学背道而驰，因为我们通常认为可以自己拥有意向。此外，一个主体自己或许没有意图，但外部观察者可能将意图归于他。如果被试 A 将意图归于被试 B，那么 B 可能有，也可能没有真正的意图，但 A 肯定有意向性。然而，按照新行为主义的逻辑，要将 A 视为拥有意向性，我们必须求助于第二个观察者，这个观察者应拥有与第一个观察者同样的属性行为。同样，第二个观察者之拥有意向性意向性将需要第三个观察者，以此类推。Adams 和 Aizawa（2001）指出，为使新行为主义的解释更有效，我们需要假设第一个观察者拥有一种内在的、非衍生的或者最初提到的意向性，这样会更合理。当然，这将使我们回到传统的关于心理状态意向性的内在主义立场。而另一种观点认为，A 的归因只在归因活动中起作用，而这将引出操作意向性的现象学概念。

更普遍的关于精神状态的归因，即对社会认知或意向性的新行为主义模型与"心理理论"（TT）的方法密切相关：TT 是一种基于大众心理学的把主体间的理解视为一种推理的方法，依赖一个支持心理状态的内部主义概念框架。也就是说，理解意向性的新行为主义方法，以及理解社会认知的 TT 方法，仍然依赖于一个相当标准的心智模型，即心智作为一组"颅内"的心理状态，隐藏在行为背后。这种隐藏的心理过程被认为构成了我们所观察到的有意行为的典型解释类型。

令人惊讶的是，一些延展认知假说的捍卫者，包括 Clark 和 Chalmers（1998；Clark，2008a），似乎采用了这种新行为主义的意向性概念。[一] 对他们来说，只有在它允许我们通过这样做获得解释和预测优势时，将意向性归因于延展过程才是合理的。对于延展认知，意向性的某些方面需要外部的物质工具来实现。然而，内部主义观点在延展认知理论家提倡的"对等原则"（Clark & Chalmers，1998；Clark，2008a）或"功能同构"（Clark，1997）中还是有迹可循的。该观点认为：只有非神经过程对认知活动的功能贡献同构于或足够类似于大脑神经过程的贡献，我们才应该把它作为认知工具的一部分。例如，笔记本构成了行为者大脑的一部分，因为它所发挥的功能与生物记忆可能发挥的功能相当（Clark & Chalmers，1998）。

对等原则引发了反对延展认知假设的令人不安的论点。例如，Adams 和 Aizawa（2001）拒绝接受延展认知的普遍假设，同时仍然支持对等原则，他们认为，从实证角度看，外部过程在功能上与内部神经过程不同（参见 Rupert，2004）。因此，关键是能不能有发现意向性的正确方法。延展认知理论的支持者们和批评者们，都同意什么是意向性；他们只是对在哪里可以找到它抱有分歧。无论延展认知理论家是否能对这些批评做出可行的回应，我认为

—————————

[一] 新行为主义的观点与 Clark 等人辩护的功能主义立场相当一致。事实上，Horgan 和 Kriegel（2008）认为，新行为主义者的立场将是延展认知假说的唯一可行的选择，尽管更概括地说，他们认为延展认知假说是不可行的。

无论是新笛卡尔还是新行为主义的意向性概念，行为主义者和延展认知理论家都不会接受，因为他们是要推动另一种心智概念的。[一]

4.3 新实用主义

与新行为主义者相比，一些新实用主义者，如 Robert Brandom (1994；2000) 呼吁对依赖于社会/规范概念的意向性进行解释。Brandom 用他所谓的义务记分的实践来解释意图的概念，也就是说，我们从规范地位的角度相互隐性地跟踪我们彼此的行为 (1994, ch.3)。根据这一观点，我们根据社会规范在暗中理解他人的意图，尽管我们并不总是明确地承认这种规范。例如，如果我承诺在特定的时间与地点和你下棋，你和我都不一定会明确地认为我失去了在其他地方下棋的权利，或者我做出了对完成整个游戏的承诺。然而，我们暗中记录或跟踪这些事情，这在我们的

[一] Adams 和 Aizawa (2009) 认为，我们可以理解"为什么即使是先验论者（即生成和延展认知理论家）也认为认知从大脑延伸到生物世界，而非从生物世界到大脑"(92)，这是基于非神经外部过程实际上是非认知的观点。人们可以同意，延展认知理论家将大脑延伸到世界是误导，但这并不意味着这种误导性的描述构成了支持内部主义的标准模型的证据；相反，这样的描述反映了延展认知文献中旧模式的残余，为了充分理解该主张的潜力，这些残余需要删除。参考另一种观点，即心智是"广泛的"而不是延展的（Hutto, Kirchhoff & Myin, 2014）。

行动方式中被揭示出来。因此，如果我没去与你见面或者中途决定退出，那么我会道歉，你可以责怪我，因为我违背了我的承诺。这种互动表明，我们都在暗中遵循行为的规范状态。

　　因此，我们将意向性归因于一个能够拥有一套特定承诺和权利的实体，这些隐性的承诺和权利可以通过社会语言规范来阐明和随意制定。对此，Brandom 认为这是"一贯的规范""只有社区，而不是个人，可以被理解为具有原始的意向性，建立有意状态的规范地位特征的实践必须是社会实践"（Brandom，1994，61）。也就是说，我们跟踪并有时会承认他人的意向性，依据的是他们在做什么、说什么，他们应该做什么，他们在什么地点和时间扮演什么角色，在共享的社会情境下这些因素对我们意味着什么，而不是通过某种方式寻找隐藏在他们的行为背后的心理状态。○我们将意向性归于行为，因为我们对行为的社会意义有实际的把握。

○　Mason Cash（2010，650）这样描述这一观点："基于这种规范观点……这种归因的典型案例是由主体所在的语言和规范群体的其他成员提出的，遵守群体有意识的规范，由规范解释并使意向性状态作为行动的理由。这种做法牢固地建立在共享的公共语言中并得到其支持，其规范限定了词语的适用范围，并为意向性状态提供内容。这种做法限制了观察者被赋予的根据主体的行为判断归因的权利，但这也规范地限制了主体的进一步行动，因为当认识到观察者有权将特定的意向性状态归于主体，他们就会采取致力于与这些意向性状态一致的行动。如果我对你说我打算去散步，我就会认识到，这句话允许你期待我去散步，因为我已经把自己置于一个要去散步的承诺之下了（当其他条件不变时）。

在此基础上，回到前面的一个例子，我们可以毫无疑问地将意向性归于手势和点头。根据新实用主义，手势具有社会意义和规范地位，它们是我们对他人行为的观察和理解，即使通常是无意识的。例如，在理解点头这个动作时，我们认为那个人有一种不经意的对演讲者的承诺，对此他或她可能会明确或不明确地承认；跟踪手势足以抓住对方行为的意向性，我们不必假设一种信念或内在心理状态。此外，由于我们可以借助自身依赖的环境社会意义来跟踪我们自己的规范地位，通常包括我们自己以前的言论和行为，因此我们把自己的意向性理解为一个社会性概念也是没有问题的。由此可知，意向性不是内在的或仅仅是基于神经的；它由主体的行为构成，由社会和制度的实践所支撑。

因此，新实用主义者对意向性的解释避免了在新行为主义者的解释中发现的一些问题。然而，新实用主义者遇到了一个不同的问题，即他们在试图解释我们的常识能力识别各种非社会或前社会实体的行为意向性时遇到的问题。例如，我们倾向于将意图归于，非人类动物、人类婴儿，甚至在电脑屏幕上移动的几何图形。根据新实用主义，一个主体只有按照基于社会的规范行事时，它才是有意的主体。例如，某些侮辱性的手势具有文化相关性。如果一个来自不同文化的人，或者一个婴儿不小心做了一个侮辱性的手势，那么我们不应该把他理解为在有意侮辱。更广泛地说，如果一个生物（如一个非人类动物）完全缺乏对社会规范的理解，并且不期望按照这些规范行事，那么赋予其意图本身似乎是不合适的。然而，我们确实会将意图归于动物和其他对社会规范缺乏理解的人（如婴儿）。实证研究表明，即使在几何图形的运动中，我们也倾向于看到意向性（Heider & Simmel，1944；Michotte，1963）。因此，新实用主义者似乎无法解释我们在这种情况下定义意向性的日常做法。

解决这个问题的一个建议指出了一个更基本的问题。Cash（2008，2009）表明，根据新实用主义者的说法，我们可以根据动物和婴儿"运动的相似性将意向性归于它们的行为，如果该行为由一个人执行，我们就有权将某些'有意的状态'作为原因"（2008，101）。也就是说，新实用主义者可以将意向性归于一个非社会实体，但只是因为它们能认识到这个实体的行为和一个社会化的人的行为存在某种相似性。然而，这项提议具体蕴含着什么，我们还不清楚。此外，这种缺乏清晰性也可以追溯到将意向性归于人类的过程。也就是说，新实用主义并没有弄清楚即便是对于人类它是如何运作的——我们如何准确认识到主体是否在按照社会规范行事。

如果像 Cash 所指出的那样，相似性是可操作的概念，那么将意向性归于非人类实体似乎有两种可能性。第一种是模式识别加类比推理。也就是说，我们可以通过检测某些非社会主体的运动和社会主体所表现出的行为之间的共同动态模式来确认意向性。然而，这个解决方案是失败的，因为至少在某些情况下，我们将动物或屏幕上移动的几何图形的行动归于意图，这些行动与人类行为没有相似性（Miyahara，2011）。第二种是如果我们认为自己是进行比较的基础模型，就可以从社会认知理论的角度理解对相似性的强调。例如，Goldman 提出的以下观点被 Dannett 描述为社会认知理论的一个版本："当我们将信念和其他意向状态归于他人时，我们通过把他人与我们自己比较，把我们自己的心智状态投射到他人身上。"（Dennett，1987，98 - 9；参见 Goldman，2006，57）

社会认知理论认为，我们依赖的不是大众的心理推断，而是用我们自己的思想来模拟他人的心理状态，以模拟如果我们处于他们的位置，我们会做什么。该观点下的"读心"是基于我们看到的他人行为和我们自己行为之间的相似性，包含将我们自己假想的第一人称信念和欲望投射到他人的头脑中的过程。神经科学最近关于镜像神经元的研究已经提出了对模拟的重新定义（Gallese，2014；Gallese & Goldman，1998；Rizzolatti，Fogassi & Gallese，2001）。根据这一观点，镜像神经元的特征是能模拟他人的行动，因为它们是特定的神经元，在两种情况下被激活：一是当我自己执行一个动作时；二是当我看到另一个人执行同一个动作时。基于此，该主张认为观察者的运动系统与观察到的其他人的行动进入了一个匹配的状态。该观点下的模拟概念相当于我的系统匹配或建立与我观察到的系统的相似性——有时称为匹配假说（Goldman，2006；Rizzolatti，Fogassi & Gallese，2001）。根据这种观点，"读心"或者至少是行动理解，将是一种完全在亚个体层面上工作的自动机制的结果。

一方面，这种向神经社会认知的转变对于新实用主义来说看起来很有希望，因为它关注行动理解，并将意向视为行动本身中隐含的东西。理论上，人们当然可以不接受镜像神经元不仅仅是行动理解而且是"读心"基础的主张。请注意将意向性归于非人类实体的情况，镜像神经元的激活仅限于很少的跨物种的行动感知，也就是说，镜像神经元不能解释为什么我们把意向归于狗、猫、蟑螂、几何图形等，因为镜像神经元在我们观察它们的行动时不会被激活（见 Buccinoetal，2004）。人类和猴子之间的身体动作相似性相比之下则足够强。我们遇到了一个类似于简单模式识别的反对意见——（身体）行动相似性不足。

另一方面，目前还不清楚亚个体的、自动的过程如何扩展到新实用主义所强调的规范结构。此外，社会认知理论和心理理论一样，仍然与意向性的内部主义模型联系过于紧密。例如，它们共享两个重要的假设。

（1）不可观察性原则，也就是说，需要讨论的问题是，对方的心智是不可访问的，因为它隐藏在对方的头脑中。这两种方法都假设社会认知核心问题的提出涉及"读心"——这种能力使我们能够解决缺乏访问其他人心智能力的问题，其特征为解释显性行为的隐藏心理状态。换句话说，我们很容易发现自己把心智塞回头脑中去了。如果说有些神经社会认知理论的支持者有时会远离这种"读心"模型，专注于行动理解（如 Gallese，2009），那么更多的人理解神经社会认知理论只是"读心"的一种形式（如

Oberman & Ramachandran，2007）或对"读心"的支持而已（如 Keysers & Gazzola，2006）。这一假设与新实用主义的主张相悖，即意向性具有社会规范所规定的地位，而且至少在一定程度上他人可以公开获取。

（2）方法论的个体主义假设。也就是说，获取他人心智知识的假设取决于个体内部的认知能力或机制，或发生在个体大脑内的过程（Froese & Gallagher，2012）。换句话说，对于心理理论和社会认知理论来说，解决方案必须借助一些认知（"脑内"）操作（理论推理、内省建模或神经元过程）或心理理论机制或镜像系统，使我们能够掌握对方的心理状态。因此，归因过程和被归因的意向性都被缩小到内部心理状态或大脑状态的范围内。

然而，根据新实用主义，对他人的认知理解，或对意向性的明确归因是次要的，只有在隐性共享实践的背景下才可能实现；理解他人的基本模式不是由个人承认他人心理状态的认知能力所支持的，而是由与他人的实际或潜在的互动所支持的。因此，根据新实用主义，一些主体（或前主体，如婴儿）可能能够在实用主义互动中跟踪他人的意图，即使他们不能抽象地理解它，也就是说，即使他们不参与实际的社会互动。

因此，意向性归因和社会认知的心理理论和社会认知模型都不符合新实用主义观点或认知的生成主义或延展认知理论。我们仍在寻找一个更完整的、与生成主义和延展认知方法所提出的替代心智概念相一致的意向性解释。我已经提议：由于各种原因，我们应排除新笛卡尔主义和新行为主义的意向性观点。但是，依赖于类比和模拟描述的新实用主义观点也会有问题。另一种建议是将操作意向性的现象学概念看作与新实用主义相一致，这一提议会得到更关注互动的社会认知观的支持。具体来说，这将给我们一个生成的意向性概念，并且，正如我要论证的，这正是延展认知理论家所需要的意向性观点，也是用来反驳关于非衍生性内容和心理标志说的论点。

4.4　生成的意向性

来自发展心理学的证据表明，刚出生或非常年幼的婴儿和照顾者的互动都记录在一个共享的"运动语言区"，一个每个个体内的跨模式感觉运动系统。该系统直接与其他人的行动和手势相协调（Meltazoff & Moore，1994；Gallagher & Meltzoff，1996）。然而，现象学更进一步表明：在这种互动中，有一种身体的意向性分布在互动的主体中，这种意向性如果没有实际的互动是无法实现的。Merleau-Ponty 将它称为"相互关联"，并这样描述它："……在这个现象化的身体和对方的现象化的身体之间，正如我从外部看到的，有一种内部关系，让他人的出现使系统更完整。"（2012，368；同见 1968，141，143）相互关联涉及身体图式的相互影响，但不是以同构的形式存在，即一个人反映另一个人的动作，或将另一个人的动作映射到自己的运动表征上。相反，相互关联涉及对对方行动的相互的、动态的和生成性的反应，将该行动作为进一步行动的机会，而不是作为复制（模拟）的机会。这种生成的方法为社会认知过程中的镜像神经元激活提供了另一种（非模拟）解释。这与 Newman-Norlund 等人（2007）的建议一致，即广泛一致的镜像神经元可能是生成反应的准备，而不是一种匹配活动。

婴儿与照顾者之间的互动发展（Trevarthen，1979），通过动态姿势、手势和语言的沟通（Goodwin，2000），以及通过互动关注行为和知觉（Bayliss et al.，2006，2007）等方面的研究都表明，社会认知在本质上是动态的和生成的。根据生成的观点，我们以依赖具身的感觉运动过程的方式与他人互动。我们不会首先感知到非意向性的动作，然后推断出它们的含义。我们会生成性地将他人的行为和情感表达视为意向性的形式，也就是说，是有意图的和定向的。对他人的生成感知意味着我们可以看到他们的情绪表达和情境化的行为，涉及我们如何回应或与他们互动。因此，我们对他人的理解是实用主义的，我们的行为以情境为参照，而不能用认知主义的精神状态概念来解释。

对此观点的另一种解释是，我们通常以操作意向性的形式来感知他人的意向性，而不是推断或模拟心理行为的意向性。如上所述，操作意向性的概念试图捕捉这样一个事实，即经验主体通过行为和任务有意地与世界接触，这些行为和任务不能简化为简单的精神状态，而是涉及行动和身体的意向性。行动是有意向的，因为它们是针对某个目标或任务的，而这是我们可以在其他人的行动中看到的东西（见 Gallagher，2008b）。在机械性细节上看似相同的动作，在不同意向对应的运动学细节上有微妙的不同，这些差异是我们可以看到的。因此，主体够取并抓住一个苹果的动作是为了：①吃它；②把它给另一个人；③用它扔其他人，即便缺乏交互情境，也能够很显著地区分（70%）这些不同的意向（Becchio et al.，2012）。这种可感知的、运动的、操作性的意向性与精神状态或行为意向性（与信念、欲望或远端意图相关）非常不同，后者在反思推理或判断中获得（Merleau-Ponty，2012，lxxxii），它描述了当我们试图从一个分离的、观察者的角度来解释或预测他人的行为，而不是生成性地参与他人的有意向行动。相比之下，我们通常经历别人和自己的操作意向，即一个"能构建世界和自然的和前向预测统一体的意向性，它比客观知识更清晰地出现在我们的欲望、评价和视野中"（Merleau-Ponty，2012lxx2i）。对社会认知而言，我们通常通过其适用性和符合我们特定方式的实用和/或情感价值了解他人的意向性，这些由我们特定的目标或任务、我们的隐性文化规范、我们的社会角色或地位等构成，而不是作为反映内在的心理状态，或作为对他人进一步思想和行动的解释性理由。

　　考虑下面的例子（来自 Miyahara，2011）。假设你在一条繁忙的、没有人行横道的街道上开着车，看到一个人在街道边缘不安地左右张望，你会减速，以防他突然横穿马路，至少你会准备好踩下刹车踏板。如果和你一起上车的乘客问你为什么放慢速度，你可能会回答说那个人看起来好像想过马路。在这种反思性的解释中，这个人似乎已经经历了他人的心理状态，体验他想要过马路的愿望，这构成了进一步行动即过马路的理由。然而，这是一种基于反思的态度或后验地给出理由的方式。事实上，在最初的动作中，把你的脚放在刹车踏板上，仅仅是体验在路边的人的意图的一部分。正如 Merleau-Ponty 所说：

_____

　　身体的运动体验并不是知识的特殊案例；相反，它为我们提供了一种认识世界和外物的方式，一种"生态智慧"，必须被认为是原始的，也可能是原初性的。我的身体有它自己的世界，或者有理解它自己世界的方式，而无须经历"表征"，也无须服从于"象征性"或"物化功能"。（2012，141，翻译修订版）

　　使身体以此方式对世界或一个对象进行反应，或在社会环境中对他人进行反应，这种与实体接触的方式，不仅不能还原为由中介推理指导的行为，也比通过间接指导行动识别世界的方式更原始。

　　生成主义者认为：这种实用主义的理解是我们对他人和我们本身意向性的基本理解，这种操作意向性应该是原始的和非衍生的。"世界的状态在通过明确的识别予以知识定位之前，已经完成或已经存在。"（Merleau-Ponty，2012，lxxxi）意向性是由主体在做什么和准备做什么决定和限制的。例如，无论是过马路或踩刹车，

还是任何可能会发生的交互，都与主体的感觉运动技能和相关应
对有关。

4.5　生成主义与延展认知

在生成主义者看来，一个人无须进入头脑内部的心理状态
（命题态度、信仰、欲望）去邂逅意向——操作意向性是行动导
向的：它存在于一个人的行动中，在一个人与环境的协调反应中。
这种操作意向性是真正的非衍生的原始意向。任何类似归因或反
思的意向状态，我们认识到的信仰、欲望或其他大众心理状态，
在大多数的情况下都来源于日常互动，而且是冗余的，只有在需
要解释或证实的情况下才会出现。此外，操作意向性清楚地分布
在大脑－身体－环境中，因此，生成主义者和延展认知理论所需
要的正是这种意向性概念。

我自己的意图是可操作的，而且通常只出现在我对他人意向
的感知之中。我认为对方的行动是对我自己可能的反应的一种功
能可供性（这可能和她的观点有很大的不同）：我认为对方的行
为是可以互动的，或者是对我的回应。这种意向性的概念支持了
对日常社会认知和联合行动的具身的－生成的解释。例如，与前
文讨论过的新笛卡尔主义者和新行为主义者观点相反，这种生成
主义、新实用主义的解释也提供了一个更好的情色意向的解释。
情色感知不是一种认知，而是一种对我来说的性意义，仅存在于

"它为我的身体而存在时"，正如 Merleau-Ponty 所说：

———————

> 将所有这些过程建立在一个意向的弧线上……我们会很快发现，性生活是一种原始意向的形式，是感知、运动和（象征性）表征的重要起源。（Merleau-Ponty，2012，160，翻译修订版）

情色意向，作为最初的操作意向性的一个实例，不是"我认为……"，甚至超越了实用主义的"我可以……"。它利用了某种形式的情感兴趣（见第 8.1 节）。

这种说法也与非新实用主义的非模拟主义主张一致。事实上，它向我们展示了如何将非常基本的操作意向性与新实用主义者对行为的社会/规范方面的强调联系起来。如第 3 章所述，Brandom 让操作意向性和新实用主义之间的联系变得非常清晰。他将实用主义与这样一种观点联系起来，即我们对世界实际的和经常是技术性的参与是最基本的、非衍生的意向形式（2008，178）。对 Brandom 来说，这种意向比基于语言的"语义意向"更基本，它包括了延展到外部世界的由反馈控制的过程。它展示了"一种复杂性，在原则上不能不考虑系统的反应和对世界的反应所产生的变化"。因此，这样的做法是"丰富的"，也就是说，它们涉及人工制品、事件和现实的事务状态。"世上的点点滴滴都被纳入这样的实践。"（178）

　　我们有理由相信，这种意向性（及将这种意向性归于他人的可能性）在任何对社会规范的标准讨论出现之前就对个体发挥作用，是婴儿早期原始主体间性的来源。有人可能会认为，从婴儿的角度看，社会规范还不起作用。然而从互动本身的角度看，因为照顾者、家庭成员和陌生人在照看婴儿过程中已经参与了规范实践，这些规范已经在他们中普及，即便还需要通过婴儿后期的交际和叙事实践发展成为更明确的社会规范性行为（Gallagher，2008）。

　　生成的、新实用主义的操作意向性概念正是支持延展认知假说所需的相关概念。正如 Dewey 在延展认知的支持者们提出假设之前就明确指出的那样，这是一个实用主义的心智概念：心智"是在与外部世界的互动中形成的，并用于这个世界"；它永远不应该被视为"自我包含和自我封闭的东西"（1934，269）。这种心智的概念从一开始就是主体间性的，这意味着这种非衍生的意图来自哪里并不神秘。它来自与我们互动的人，或者更准确地说，它是在我们的互动中产生的。在某种程度上，我们都出生在一个群体里，我们的环境从生活的一开始就充满了有意识的实践。我们通过与他人的实际互动，主要是与照顾我们的人，凭借我们天生的或早期学习的敏感性以及与他人互动的机会，来发展和塑造我们自己的意向性。这意味着非衍生的意向性不是首先在我自己孤立的头脑中产生的，也不是在还没有指向他人的大脑的过程中产生的。Adams 和 Aizawa 所称的非衍生内容肯定来源于这些原始的互动实践。在这方面，心智是由我们与环境的生成性参与活动构成的，环境是社会的和物质的；意向性意味着我们"存在于世界"，它分布在大脑－身体－环境中，并在实用和交流实践中扩展，可能进一步取代我们所参与的工具、技术和制度实践。

第5章 无表征的行动

/

Enactivist
Interventions

在认知哲学中，意向性的概念通常被认为等同于表征，有时表征被认为是意向性的主要形式。生成主义方法反对表征主义者对意向性的解释，并认为一个人可以拥有无表征的意向。在本章中，我要为反表征主义的论点进行辩护，尤其针对第4章中讨论的操作意向性的概念。因此，我关注的是行动中的意向性问题，并没有对认知的表征解读这个更普遍的问题提出任何主张。他人的研究已经详细探讨了这些问题（如 Hutto & Myin，2013；Ramsey，2007）。我还要搁置表征是否在对行动的思考、行动的计划或事先意向的制定等方面发挥作用的问题，并将考虑我认为最有力的模式来让表征参与行动。问题很简单：对行动的描述是否需要表征的概念？表征作为行动本身的一部分存在？

5.1 行动中的表征

考虑一下经典的表征概念。以下特征基于 Mark Rowlands

（2006，5ff.）提供的列表，他指出经典概念是以语言为模型的。

1. 表征是内部的（意象、符号或神经结构）。

2. 表征具有持续性（是一个分离的可识别事物）。

3. 表征包含指代自身外部事物的内容（它指代或是关于自身以外的事物）。

4. 表征需要解读，它的意义来源于发生在主体内部的某种处理过程，就像一个词或一个意象，它的意义在情境中是固定的。

5. 表征是被动的（它由某种特定情况产生或调用）。

6. 表征与当前情境是可解耦的。[⊖]

解耦的想法是表征可以"离线"，如想象或记住一个动作或语境。在这种情况下，表征涉及一种与行动、行动目标或当前语境脱钩的形式。一个问题是这种离线或解耦的活动是否仍可能涉及行动的各个方面（我将在下面再回到这一点）。

我们在表征的支持者和批评者中均发现了关于此列表中元素的一致意见。例如，Ramsey（2007）指出"没有什么比就心理表

⊖　Rowlands 没有将解耦性作为经典概念的一部分，但其他人肯定会这样做。正如他所说："人们通常认为，要被视为真正具有表征性的条目，它必须与其更广泛的环境脱钩，特别是与声称表征的事态脱钩。"（2006，157）然而，Rowlands 在以行动为导向的表征定义中确实包含了这一特征。

征的本质达成共识更遥不可及"，他将心理表征的普遍理解描述为涉及"承载内容的内部状态"和"用于代表其他事物的结构"（xi），"心理表征是具有某种非衍生意向性并以特定方式与其他认知状态相互作用的状态"（19）。但我们也发现了一些分歧。相比于认为表征是被动的，Ramsey 更相信表征是因果主动的——"心理表征是做各种事情的状态"（Ramsey，2007，18）。

Nico Orlandi（2014）重新提出了一种表征概念，该概念被理解为一种解释性或理论性的假设，在特定描述下抽象地起作用，特别是在这种描述没有准确解释系统如何正常运作时。表征"在解释中涉及在相当抽象的层次上描述的行为，这个层次忽略了行为如何进行的细节"。与上面的列表部分一致，她认为表征具有以下特征：①它们代表其他东西，即它们是介于物理（如神经元）系统和被表征的东西之间的内部中介；②它们提供信息，即它们具有在语义上指代其他事物的内容，也就是说，它们"陈述"有关世界的事实（或提供命题信息），并具有准确性条件（它们可以是正确的或不正确的）；③它们起到指导系统行为的作用。

所有这些作者都同意：人们对于什么是表征并没有达成深刻的共识。正如 Orlandi 所说，"立场、内容和主体层面的绩效贡献是表征的一些基本特征。为了具备这些特征，内部状态和结构需要具备哪些更具体的属性是一个有争议的问题。"（2014，11）同时，她指出，也许是因为内容的概念在一些类似于语言的模型（命题内容）中"模棱两可"（10），对看似最重要的方面的论述（表征提供信息或具有内容的想法）各不相同，也是"有争议的问题"（9）：在类似于映射的模型中，这些模型与它们所指代的内容同构；在其他（紧缩论的）模型中，它只是与它所指代的事物共同变化，就像温度计中的水银与温度共同变化一样。

以这种方式确定表征的特征与一些理论家的观点形成了鲜明对比，他们会用极其松散的术语来定义表征。例如，将表征理解为由经验引起的任何内部变化。"假设一个表征的存在是相当无害的，应该很少成为理论上有争议的问题。"（Roitblat，1982，355）这似乎是一种表征的紧缩论。例如，在知觉方面，表征就是一种与环境的某些特征共同变化的神经模式。正如 Orlandi 指出的那样，这是对认知神经科学相关发现的一种普遍理解（2014，12 - 13）。然而，在许多主流认知科学和认知哲学中，表征的概念并不是那么无关痛痒。尽管定义有所不同（包括或排除了上面列表中的某些特征），但表征的概念似乎在许多认知模型中占据了重要位置。

与认知分析中普遍假设存在表征相反，Hubert Dreyfus（2002）提出了一种著名的反表征主义的观点，认为对于实践或熟练的有意行为，无须表征。

技能习得的现象学证实，当一个人获得专业知识时，所获得

的专业知识被体验为对情境的越来越精细的辨别以及对每种
情境的适当反应。"最优理解"命名了身体改善其反应以使
当前情况更接近最佳形式的趋势。因此，成功的学习和行动
无须命题式的心理表征，也无须语义上可解释的大脑表征。
(2002，367)

Dreyfus 将表征的观念与失败的认知主义哲学联系在一起 ——
表征的概念（例如在 AI 中使用时）仍然与情境无关，尽管一切有
关智能行为和相关的认识状态（命题知识）依赖在世存在（而不
是退出或表征世界）。[⊖]

表征主义的局限性可以从常识知识问题和人工智能的框架问
题中看出。对常识知识问题的表征方法（被描绘为一个相互关联
的表征系统）导致"恶性组合爆炸"（Wheeler，2005），因为世界
某一方面的命题（表征）知识以其他方面的命题知识为前提，以
此类推。框架问题，简单地说就是系统如何调整自身以识别变化
环境中的相关特征，在表征模型中仍未解决。声称系统使用适当
的表征只是将问题推回来：系统如何知道哪些表征与特定情境是
相关的？我们可以无限地倒退回去。

⊖ Berthoz 和 Petit（2006）提供了类似的反表征主义论点，认为大脑是
  一个行动器官，而不是一个以语言为中心的表征器官。"通过应用这
  种表征过滤器，外部世界和内部世界中的一切似乎都被命题形式的
  投影冻结、固定并稳定下来，这隐含地构建了表征。"（Berthoz &
  Petit，2006，23）

需要注意的是，这里涉及的不仅仅是有序任务的直接语境。有人可能会认为，在丰富的环境中训练系统的连接模型可以生成情境敏感的分布式表征。但问题还涉及为特定系统的能力和决策提供信息的背景。虽然执行一个（或一组有限的）预定任务的机器人不需要情境背景（我的家用机器人在吸尘方面做得很好，但它不能洗碗），但人类的情境不是由狭隘的现实定义的；它还由有限但广泛的可能性定义，包括与许多其他任务相关的灵活性、风格和时间安排的可能性。

在非表征主义的行为描述中取代表征的是一种基于动态知觉/功能可供性的在线式的智能，它"通过扩展身体－环境系统中的复杂因果相互作用"产生行为（Wheeler，2005，193）。但是在没有表征的情况下，这种系统是否能完成基本知觉活动所需的一切工作？

5.2　最小表征形式

Michael Wheeler（2005）虽然赞同 Dreyfus 的反表征主义，但仍接受 Clark（1997，47ff.，149ff.）的观点，认为某些行为需要"行动导向的表征"，即临时性的、以自我为中心的运动地图，完全由主体（有机体或机器人）在特定情境下所需的行动决定。[一]在这个模型中，表征并不客观地再现世界，或者将其映射为神经激活模式。相反，"世界本身就是根据行动的可能性进行编码的过程"（197）。行动导向的表征所代表的不是"环境是什么"的知识，而是"如何参与环境"的知识。行动导向的表征是特定的行动，以主体为中心，并且依赖于情境。如果有任何诸如"生成性表征"之类的东西，显然就是这样。

但是什么样的东西可以算作行动导向的表征？它是一种神经激活模式［在这种情况下，它可能是 Goldman（2012）所称的 B－模式表征，与命题格式表征相反，参见第 2.1 节］，运动图式，还是类似身体运动的东西？在我们考虑 Wheeler 对此的回答之前，让我们考虑一下他排除的东西，即身体运动本身（2005，209）。根据 Wheeler 的说法，身体运动不具有表征地位，因为在相关的行动环境中，它们所扮演的角色可以被赋予一个完全因果的、具体的非表征性的解释。相比之下，Rowlands（2006）捍卫了作为行动要素的某些身体动作具有表征属性的观点。他认为，以语言为模型的经典表征概念（内部的但具有内容外部性、需要解释和被动的）不足以捕捉行动中的表征概念。为了获得更充分的（行动导向的）表征，他放弃了上一节（2006，

　㊀　Clark（1997：47）首先在机器鼠和机器蟹的例子中解释了行动导向的表征的概念。我不打算解决机器人是否出于某些目的需要行动导向的表征的问题。在本章中，我的重点是人类行为。Clark 建议应将行动导向的表征视作 Millikan 的"pushmi-pullyu"表征的某个版本。

11）中列出的列表中的一些条目。事实上，Rowlands（2012）批评了表征的经典概念，并提供了一个修订后的特征或限制条件列表，这些特征或限制条件使某物具有表征属性（见 2006，113 – 14）。

1. 信息限制条件：如果某事物具有表征性，则它携带有关其自身以外事物（x）的信息 ——它有内容。[⊖]

2. 目的性（或规范性）限制条件：如果某物是象征性的，它就具有目的性特征——它跟踪或具有针对事物 x 的特定功能。

3. 错误表征限制条件：如果某物具有表征性，它可能错误表征 x。

4. 解耦性限制条件：如果某物具有表征性，则它可以与 x 解耦（即使 x 不存在，x 也可以被表征）。

5. 组合限制条件：如果某物具有表征性，则可以将其组合成更具普遍性的表征框架。

为了了解这些限制条件如何应用于行动，Rowlands 区分了有意行动、潜在有意行动和前有意行动。潜在有意行动（O'Shaughnessy，1980）是非有意的动作，如舌头或手指的动作，做这些动作时我

⊖ 尽管 Rowlands 建议在某些替代表征论述中，内容可能是表征内部的（2006，11），但在解释 Rowlands 提到的表征携带信息的想法时（pp. 115ff），很难将其与表征具有自身外部内容的传统概念（它指代关于自身以外的事物）相区分。

们没有意识，没有理由，也没有与动作相关的目的。前有意行动，或 Rowlands 术语中的"行动"，确实有关于有意向行动的目的，包括手指在接住高速飞向你的球时的位置，或者在钢琴上弹奏肖邦的《C 小调幻想即兴曲》时手指的运动。前有意行动包括一系列"在线、反馈式的调整，这些调整发生在意图层面之下，但共同促进了先前意向的满足"（103）。

　　Rowlands 提供了一个详细的例子：Yarbus（1967）的眼跳实验（见图 5 - 1）。Yarbus 向受试者展示了一幅画，这幅画描绘了六名女性和一名男性访客的到来，然后要求受试者完成某些任务。

1. 随意看图。
2. 估计家庭的财富。
3. 判断画中人物的年龄。
4. 猜猜来访者到来之前人们在做什么。
5. 记住画中人物穿的衣服。
6. 记住房间内物品的位置。
7. 估计距离画中人物最后一次看到访客已经过去了多长时间。

　　Yarbus 发现视觉扫描路径随着任务的性质而系统地变化。因此，眼跳在某种程度上受意图/任务的支配，但它们不是有意向的，因为我们不会决定使用哪种视觉策略，而且我们没有意识到我们正在做眼跳：它们是前有意行动。

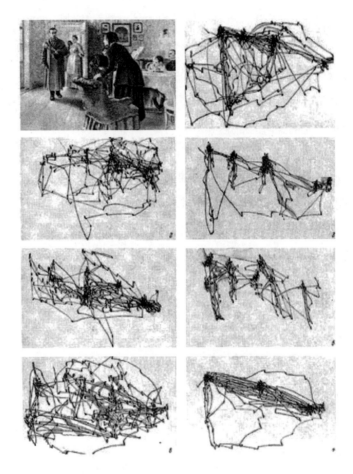

图 5 - 1　一名受试者的七次眼动记录
（来自 Yarbus，1967，174，图 109，经许可）

　　Rowlands 认为 前有意行动具有表征性并且满足上面列出的所
有限制条件：它们携带有关 x 的信息（轨迹、形状、球的大小、
键盘、绘画中人物的特定方面）；它们跟踪 x 或允许我通过跟踪 x
完成某事；它们可能会错误表征（弄错）；它们可以组合成一个

更普遍性的表征结构（我接住球并把它扔回去；我继续播放音乐；我可以系统地扫描一幅画）；它们与 x 是可解耦的（x 可能在环境中不存在。例如，我以后可以记住或模拟我是如何接球的，复制相同的行为）。

在某些解释中（如 Anscombe，1957；Merleau-Ponty，2012），前有意行动是有意的，因为它们促进有意行动并是有意行动的一部分。例如，关于弹钢琴或接球，如果你问我是否打算将手指放在这样的位置，只要我打算弹这首曲子或接球，我可以说"是"。根据这种观点，意向性深入意向性行为服务的运动元素。关于 Yarbus 的例子，有人可能会问："你的意思是在回答这个问题时专注于面部吗？"我可能会回答说我没有意识到我在这样做，或者以任何明确的方式在控制我的眼睛（从这个意义上说，我可能会声称这是无意的）。或者我可能会说："是的，因为我试图回答有关图片的问题，所以我是有意扫视它的。"我的有意扫视包括我的眼跳。对于我们的研究目的而言，前有意行动是预先有意还是在某种意义上与行为的有意性质有共同点的问题可以搁置一旁。为简单起见，我将遵循 Rowlands 的说法并继续将它们称为前有意的。

5.3　可分离性与因果延展

根据定义，表征可以与 x 解耦（即使即时环境中不存在 x，我也可以表征 x)。但是，一旦我们将前有意行动与 x（球、钢琴键、绘画）分离，我认为我们将不在同一个意义上谈论行动。确实，很难看出前有意行动或行动导向的表征是如何与 x（球、钢琴键、绘画）或情境脱钩的，而不会成为与所涉行动元素完全不同的东西。离线认知、想象、记忆，甚至重新制定一个与其原始情境脱钩且不依赖 x 的动作，可能（或可能不）需要表征，但这并没有谈到行动中的表征。

然而，"行动中的表征"的倡导者可能会求助于 Andy Clark 和 Rick Grush（1999）开发的模型。他们提供的一个模型可以将表征的可解耦性直接付诸亚个体层面的活动。他们提出，运动控制中的预期，特别是在前向仿真器中用于预测/预期目的的"内部"神经电路，涉及最小鲁棒表征。该电路是一个模型，一个"可解耦的替代物"，它代表运动的某些神经外方面的未来状态——即将完成的身体姿势（或与身体姿势相关的本体觉反馈），如在接球的动作中。由于仿真器预期（表征）一个尚未出现的 x（如球的未来位置）或预测的运动机构的未来状态，它在某种意义上就是离线的、与当前的 x 或当前运动解耦的。

对 Clark 和 Grush 来说，这种最小鲁棒表征是一种"内部状态"，它不依赖与所涉及的神经外状态之间的"恒定物理联系"。因此，"仿真器似乎是一个很好的、生物学上解耦的详细例子……这对于理解表征至关重要"（Clark & Grush, 1999, 7）。但是很难看出作为行动组成部分的运动控制的一个方面如何与 x 分离，它可能与行动本身分离，但仍完全处于行动情境中。对 x 的未来状态或位置的预测（预测下一秒球将在哪里）或预测的运动状态（预测在下一小节中敲击键盘的位置）是否需要参考 x 和手的当前状态或位置，或当前运动命令（通过输出副本），即系统的当前状态？确实，作为预期，它比从未来运动获得的本体觉反馈领先一步，但同时它也落后于之前的反馈，因为预期要靠后者提供信息——它取决于对现实对象的持续知觉。简而言之，我无法预料到球的去向，或者我的手应该在哪个位置，除非负责此预期的机制目前正在跟踪球或我的手。如果它要在移动控制中发挥作用，这些不都是必须的物理联系吗？我得依靠眼睛的运动追踪球，激活动觉，我已经在运动中的手产生自己的本体觉/动觉的反馈。以为预期的仿真器涉及一个解耦过程，就是认为期望可以与知觉和本体觉输入分离，这显然是不可能的。它们是在线行动过程的一部分，因此不仅记录了一些未来的状态，还记录了行动的轨迹（从现在到未来的）。

模拟或仿真过程正在跟踪环境的特征，并且在最小的意义上是与之共变的。如果确实解耦了仿真过程，如果将其从动作本身中分离出来，它就不再是前向运动控制机制的一部分，尽管它应该变成真正离线的表征过程的一部分，一个在记忆或想象中解耦的模拟过程。（如在想象的棋盘上移动棋子，见 Grush & Mandik，2002。）

当然，该论点的焦点不在于行为中的表征是与行为脱钩的，而在于表征是可解耦的。因此，人们可能会承认，一旦解耦，表征本身就不再具有任何直接功能，或只能作为一种模拟来辅助行动计划。尽管如此，我们完全不清楚它在行动中如何以表征方式发挥作用，或者它是否只在脱钩后才起表征性作用。Clark 和 Grush 承认这个问题："完全的内部表征"是完全可解耦的内部替代物，用于表示外部状态。但是"基本运动仿真的情况确实没有满足这个更严格的标准……替代状态不能与持续的环境输入完全脱钩"（1999，10）。因此，与仿真器中的预期方面相关的神经回路并不是一个完整的表征，正如 Clark 和 Grush 所建议的那样，它充其量是我们可以考虑的最小表征实体。

然而，尚不清楚为什么某些机制可能（或可能不）在非行为（所谓高阶认知）情境下以表征方式运作，这意味着它必然以表征方式在知觉–行动情境中运作。即使仿真过程可以在行为之外承担表征职责，但这并不要求它在行为中具有表征性。事实上，可以反过来问这个问题：如果一个仿真过程在行为中不是以一种具象的方式运行的，那么当它离线运行时，为什么同一个过程会变成表征性的呢？

Wheeler 一方面[○]放弃了作为最小表征概念的一部分的解耦标准（2005，219），另一方面，他和 Rowlands 又都认为，最小

○　Clark（1997）还指出，在参考 Haugeland 对表征的定义时，"我认为，可解耦性（在没有环境特征的情况下使用内部状态来指导行动的能力）的作用有点被夸大了。"（144）

表征涉及系统的各个方面，即大脑、身体及环境。"表征的载体不停留在表面上；它们一直延展到世界。"（Rowlands，2006，224）在这里，Rowlands 与 Clark 和 Wheeler 的观点以及延展认知的某些版本的观点相同，其中行动的特点是复杂的因果相互作用，涉及身体和环境的动态耦合，并且因果关系分布在所有这些元素中。

Wheeler 在这里呼吁我们注意"来自（非平凡的）因果传播（对表征主义）的威胁"（2005，200）。事实上，对延展认知或情境认知的某个版本的承诺是反表征主义的最初动机。根据这种观点，环境本身做了一些因果工作，破坏了可解耦的概念并消除了对表征的需要。例如，要从孟菲斯开车到新奥尔良（见 Haugeland，1985），包括以下某种策略：

策略 1：我在记忆中存储了路线的内部表征。

策略 2：我遵循作为外部表征的地图和路标。

策略 3：我决定去新奥尔良，因为之前做过很多次，我就跳上车出发，上路后让景观和道路引导我（无须表征，因为实际的道路和景观承担了通常归于表征的认知工作）。

第三种情况既不依赖于内部表征，也不依赖外部表征，并且涉及非平凡的因果传播。但是，根据 Wheeler 的说法，这并不排除行动导向的表征。他认为，要在延展认知范式中完全反对表征主义，需要拒绝：①强指导主义，即表征提供了如何实现结果的完整和详细描述的想法；②神经假设，即神经元过程在认知中发挥核心作用和接近排他性作用的观点。在延展认知假设下，神经假设明显被削弱了。然而，在 Wheeler 看来，如果我们维持一个即使被充分削弱的神经假设［他将其指定为"如果智能行为要用表征术语来解释，那么无论提出什么标准都可以作为表征的充分条件，他们不应该满足于任何神经外元素，对这些元素来说，声称这些元素对智能行为的贡献具有表征性是不合理的、奢侈的或无助于解释的"（2005：209）］，我们也无须排除"最小表征"。神经外因素无法完成所有工作，因此行动导向的表征可能仍然可以作为功能性神经表征发挥作用。

Dreyfus 在他对背景知识的讨论中已经放弃了强指导主义的想法——无论多么强指导都不足以解决背景知识问题或框架问题，无法确定情境化操作所需的一切。实际上，如果系统试图指定一切，会导致框架问题，使系统瘫痪，无所作为。情境和背景知识问题不能通过诉诸表征解决。Dreyfus（2007a）因此转向 Merleau-Ponty 的现象学，它提供了对身体和世界耦合方式的非表征性解释，并提出了一种避免框架问题的方法。根据 Merleau-Ponty 的说法，当一个主体获得技能时，这些技能被"存储"，不是作为主体头脑中的表象，而是作为对情境要求的处置的具身反应。学习者通过经验获得的东西根本不是表征，而是对情境的精细区分。如果情境没有明确地要求单一反应，或者如果反应没有产生令人满意的结果，学习者会被引导进一步细化他的辨别力，这反过来可能会引起更细化的反应。

Wheeler 也呼吁采用框架问题的非表征性解决方案。对已经定位的主体的进化和文化贡献为基于知觉的行动解释提供了信息（这也涉及对连续循环因果关系的关键诉求，以解释快速和流畅的情境变换）。狮子、老虎、熊或者其他人，环境中的特定物体，如炸弹，都具有引起特定反应的进化或基于文化的效价。有意识的生活对于塑造我们的亚个体过程的相关方面具有重要作用，后者则为行动的意向方面服务。在这个意义上，框架问题不是通过表征网络解决的，而是通过直观和感受性的反应解决的。这就是为什么它对人工智能和自上而下的机器人技术提出了很高的要求，因为我们一直试图通过为机器人提供一个冰冷的命题算法让其将炸弹识别为威胁。因此，机器人必须将炸弹表征为威胁，然后必须表征要采取什么行动，再表征要激活其自身机制的哪些部分。相比之下，我们作为与文化相协调的非机器的人类将炸弹"看作"一种威胁，并且会赶紧逃命。

5.4　表征在哪儿

Rowlands（2012）对表征的可解耦性特征提出质疑，认为可解耦性并不意味着离线或脱离行为。继 Ruth Millikan（1984）之后，他认为可解耦性的限制条件与错误表征限制条件相关，而错误表征限制条件又受目的性（规范性）的约束："如果我们理解正确，那么我们可以合理要求的所有可解耦性都可以在错误表征中找到。"（2012，141）。知觉－行动系统可以通过错误表征它的对象而与其脱钩。Millikan 将 Bretano 的概念与"对错误表征如何发生的解释"联系起来，她认为"最好通过将意向性理论嵌入功能理论来理解错误表征，这使我们能够更广泛地理解什么是功能障碍"（2005，168）。目的性限制条件获取了适当的功能。通过接受目的性/规范性限制条件，我们免费获得了错误表征和可解耦性限制条件。在将可解耦性限制条件包含在错误表征限制条件下，并将后者包含在目的性/规范性限制条件下时，Rowlands 暗示可解耦性是一种错误表征，而错误表征在于未能正确跟踪 x。在试图接球时，如果我将手指向上而不是向下，从而错过了球，我的手指就无法正确跟踪球；那么前有意行动或行动导向的表征就是错误表征，并与它应该表征的内容解耦了。

然而，与 Rowlands 和 Millikan 所声称的相反，是否可以将可解耦性视为错误表征尚不清楚。如果错误表征是与行为脱钩的一种方式，那么并非所有形式的脱钩都是错误表征。值得注意的是，Millikan 承认 pushmi-pullyu 表征与 Marc Jeannerod 工作中证据的相容性，即想象自己行动时会激活与参与行动相同的表征。根据 Millikan 的说法，关于行动可能性的表征是一种"指导性"表征（2005，166）。这是因为只有对它采取行为时，它才会真正发挥适当的功能。根据这种观点，除非有时对正在实施的行动施加影响，否则没有理由需要去表征可以做什么。但 Brentano 也可以想象一个他不**应该**做和他不**会**做的动作——而且可能有充分的理由去想象它。这是否意味着他在错误表征行动，或者以这种方式发挥他的想象力会导致功能障碍？我们尚不能完全弄清楚以一种与动作解耦的方式离线想象一个动作是否在错误表征它。Rowlands 可能想要声称前有意行动具有表征性，只要它们可以在错误表征的意义上解耦就足够了。然而，关于前有意行动，Rowlands 不应该（我认为也不会）反对放弃经典意义上的可解耦性。我们已经看到，Clark 和 Grush 以及 Wheeler 在镜像神经元和行动导向的表征方面已经在沿这个方向研究了。

在非表征模式下，我们确实会出错，但这并不是因为我们错误地表征了世界。相反，世界本身是模棱两可的。从特定的距离和角度，或在特定的光线下，一座山似乎是可以攀登的。然而，当我靠近或开始攀登时，我可能发现这座山是不可攀登的。从表征主义的观点看，可以说我最初对这座山的表征是错误的。但从具身的、非表征主义的观点看，是在特定的距离、特定的光线下，从特定的角度看，相对于我的具身技能，这座山提供了一定的攀登可能性。改变距离、光线、视角和/或我的身体状况，这种"可供性"可能会消失，即身体和环境的动态耦合会发生变化。这些东西是物理决定的因素，涉及真正的山峰、光照条件以及我的身体位置、力量和能力；它们不是表征性的。可供性并非因为我改变了与山的距离的表征而消失，而是因为实际上我必须改变我的距离，这样做使得定义可供性和我的知觉的"身体－山"的关系发生了变化。

我不否认表征主义者可以对同样的情况提供表征性描述。[○]例如，从一个特定的距离和角度看，我将山"表征"（或错误地表征）为可攀登的。Clark（与 Millikan 观点一致）认为可供性实际上是行动导向的表征（1997，50），当然，这恰恰与 Gibson 的可供性概念相悖。对 Millikan 来说，环境的知觉布局是一种表征（一种 pushmi-pullyu 表征），因为它描述了"外物是如何布置的"，同时也代表了"在该环境中移动的可能方式"（Millikan，1996，151）。但这只是为了重新定义表征概念下的可供性，并假设环境的知觉布局与我知觉的环境布局不同，即"感受"是知觉主体内部超越知觉的东西。如果风景就在我面前，给了我行动的可能性，或者如果在知觉对方的手势时我正在相应地塑造自己的反应，那么系统（包括神经和神经外元素）、情境（按照 Dewey 的术语，

○　似乎如果一个人致力于表征主义，那么任何过程都可以用表征来描述。因此 Chemero（2000）能够提供对瓦特调速器的表征性描述，而 van Gelder 认为这纯粹是一种动力机制。Chemero 认为，设计用于调节发动机转速的控制臂的角度应被视为阀门的行动导向的表征。事实上，他这样做是基于一个相对限制性的表征定义，正如他所指出的，这与 van Gelder（1995）和 Wheeler（1996）的定义不同；我们还注意到它与 Rowlands（2006）和 Clark（1997）的观点也不同，Clark 与 Haugeland（1985）定义的不同，后者也与 Chemero 观点的不同。即使对表征的定义达成了一些共识，Chemero 所展示的充其量是采取"表征立场"（Dennett"意向立场"的一个版本）的可能性，即我们可以将任何机制"假设"为具有表征性。但正如 Chemero 继续建议的那样，因为非表征的动力学解释告诉了我们系统所有的重要信息，所以表征主义的解释是多余的或冗余的。

见第 3.3 节）已经为行动组织起来，似乎没有理由再去假设表征的存在。

　　那么，在具身认知和情境认知的方法中，最小表征可以发挥什么作用？Wheeler 认为行动导向的表征是基于知觉的、短暂的、以自我为中心的（空间）环境映射，并根据可能的动作进行了严格校准。Clark 和 Grush 认为，正向仿真器中的预期具有表征性。Rowlands 认为受有意向行为支配的前有意行动具有表征性。当我们把这些方面放在一起考虑行动时，我们应该注意到它们反映的只不过是行动本身的动态时间结构。在这种时间结构的现象学和非表征模式中（在综合时间尺度上），行动涉及在紧密耦合的知觉–行动结构中保持的连贯轨迹：①对正在体验的环境相关方面进行在线的维系（对那些刚刚定义我可能行动的知觉存在的保留）；②一种预期或预测，这是我与环境的直接关系确定的与环境耦合的隐含特征；③构成系统当前动态状态的正在进行的运动。○

　　这种作为行动和意识特征的前向结构在 Husserl 的"活在当下"观点中是完全"在线的"。对刚刚过去的身体和环境细节的保留跟踪，在综合时间尺度的当前时刻，既不是回忆，也不会

○　关于 Husserl 根据非表征动力系统理论对经验的保留及前向时间结构的分析及其在运动控制中的应用的解释，请参见 Gallagher（2011，2016）；Gallagher & Varela（2003）；Thompson（2007）；Van Gelder（1999）；Varela（1999）。

（重新）复制为表征；在其持续的经验方向性中，它是行为结构的一部分。对接下来发生的事情的前瞻性预期不是在映射或表征其方向，而是正在进行的行动，它有一个方向——行动已经在进行，并且一度朝某个方向前进，且依然朝着预期的方向前进（它可能会或可能不会实现）。动作不是由过去和未来的运动表征填补的瞬间或冻结的快照，它随着时间的推移具有统一性，由行动本身的意向结构解释（并整合到其中）。在这个过程中，没有任何东西等同于一个表征，因为如果回到我们原来的列表，表征包括以下方面：

- 内部意象或符号或标志；
- 离散持续时间；
- 可解耦性。

Wheeler 抛弃可解耦性观点时，他就认可了 Clark 的想法，即行动导向的表征可以"同时被视为较小的动力系统，该系统直接与现实世界中的动力系统相关联"（2005，219）。经典表征概念的问题在于，很难说出表征形式如何与物理环境"直接挂钩"，因为在某种意义上，表征的事物（或行动的某些部分）目前可能不存在（Orlandi，2014，97）。正如 Rowlands 所说的那样，经典表征"可以独立于外部世界的情况实例化"。但比行动导向的表征和镜像神经元更重要的是，根据 Rowlands 的概念，前有意行动是直接与现实世界挂钩的东西——"通过延展身体环境系统中的复杂因果相互作用"（Wheeler，2005，193）；毕竟，它们已经是神经外事件。比如，手形的塑造并且向某个方向移动，以及眼睛扫视追踪他们需要追踪的东西。与 Wheeler 的行动导向的表征相比，Rowland 的前有意行动更适合具身的、生成的行动/知觉模型，其中知觉和行动以时间、动态结构与世界相关联。

　　表征主义者可能会说，即使这描述了在行动体验中缺乏心理表征，但在基本时间尺度中，肯定存在作为这种动态结构基础的亚个体表征。动力系统的概念总是对表征性的解释持开放态度。表征主义者可能会声称，行动本身取决于某些 B－模式的神经表征，这些表征在亚个体层面运行，超出或低于经验阈值。毫无疑问，身体图式运动控制涉及神经过程，但这些亚个体身体图式过程在经验反映的相同动态模式下运行（Gallagher，2011；Gallagher & Zahavi，2014）。感觉 - 运动系统中普遍存在的预期机制［有时被定义为"对行为后果的预期"（Georgieff & Jeannerod，1998）］是众所周知的（Berthoz，2000；Berthoz & Petit，2006）。身体图式过程不是静态的，而是包含一个保持性组件，它动态地组织感觉 - 运动反馈，使当前的运动状态"与之前发生的事情相关"（Head，1920，606）。然而，这个过程中的关系和**相关者**都不是离散的或可解耦的。身体图式和神经元模式都没有离散的持续时间。当然，神经元是大脑密集连接的复杂系统的一部分，受化学、物理过程的因果影响而产生关联，而不是受表征过程影响。如果身体图式可以简化为神经元放电模式，那么它们将以相同的方式表征。或者，如果身体图式是延展到大脑和身体（包括周围神经系统）的复杂过程，并且在所有情况下都由环境背景指定（参见

Gallagher，2005a），那么它们就不是系统的一个部分表征另一部分，或者通过一个部分将另一部分解释为表征。在这样的神经元和身体图式系统中，任何可以算作表征的东西都将纯粹是解释性表征主义的结果，不是系统、主体的解释，而是科学家从系统中抽象出来的（在一个图式和下一个图式之间画线，声称可解耦等）。[⊖]

正如我们所指出的，Wheeler 在最小表征的特点中放弃了解耦性标准（2005，219）。根据他的说法，最小表征具有以下特点：① 具有很强的适应性；②是"任意的"（这意味着当以正确的方式组织和利用时，能够执行特定系统功能的不同内部元素的类型，是由它们携带的有关世界特定行动指导信息的能力确定的，而不是由任何非信息元素的物理特性，如它们的形状或重量决定的；③采用同质机制，即一种划分等级但有助于集群运作的机制。借助同质机制，Wheeler 意在系统本身中保留可解释性的标准。表征

⊖　借用 Menary（2007）对 Peirce 符号学的解读，一种简单的说法是，在更普遍的神经元事件或更普遍的亚个体过程中，表征过程的三元要素之一是缺失的。对 Peirce 来说，"表征必然涉及真正的三元组"（1931，1.480）。它涉及在对象和解释之间进行调解的媒介（标志）。神经元模式或事件可能被认为是一种表征载体，但仅与对象（可能是环境中的某些事件）和解释（产生意义）相关。缺少的元素是解释者。经验主体不是自己大脑事件的解释者，但大脑本身也不是，除非人们愿意用因果词汇代替大脑中的一个过程，并将另一个过程解释为某事正在环境中产生迹象的想法（见下一段）。在 Peirce 的模型中，如果缺少其中一个元素，则表征是不存在的。

解释可以被认为涉及模块化处理，一个模块的处理独立于另一个模块的处理，但每个模块的处理都将结果传递给另一个模块（并相互解释）。因此，同质机制使一些信息离线（但是，根据Wheeler 的说法，并没有将其与行动本身分离），并操纵它以预测可能的行动。这类似于 Clark 和 Grush 的非解耦仿真器。同时，目前尚不清楚离线但非解耦意味着什么，或者正如我上面所指出的，在没有参考或整体联系当前和刚刚过去的情境的情况下，如何形成对可能行为的预期。事实上，在行动中，为了自组织循环因果关系的动力系统概念，可以放弃模块化。Wheeler 在大多数情况下都赞成这种概念。在线感觉－运动过程服务于有意向的行动，并且在时间上与环境存在动态关系，具有丰富的适应性和任意性，但不是同质化的，这意味着它们不涉及解释元素。动态过程不需要机制的一个离散部分独立（或离线）地解释另一部分提供的信息。相反，在动态模式中，表征动作本身的预先/预期方面仅与正在进行的、在线的、事项确定的与环境的耦合有关。

然而，即使我们不直接放弃某种最小的可解耦性（可能定义为错误表征），允许这些条件由规范性条件控制（即我们可能会以某种方式弄错），正如 Rowlands 希望的，规范性限制条件仍然可以用非表征性动态过程来充分解释。这与最近生物学研究对目的论的重新概念化有关，Jonas、Varela、Thompson 和其他人都对此进行了解释。如果你纯粹以机械性的过程来理解心智，你就会错过关于心智与生命的一些基本知识。根据这种观点，意

向是行动的默认属性，不是在表征过程中要完成的事情
（Thompson，2007；Weber & Varela，2002）。更深层次的操作意向
性体现为运动意向性（Merleau-Ponty，2012）或运动意图
（Pacherie，2006）。如果前有意行动是"预先有意"的，那么正
如 Rowlands 所指出的，它们只是被无意识控制或决定。但就它们
是有意行为中的要素而言，它们在更深层的意义上不是"预先有
意"的。

关于目的论或规范性条件，我们可以坚持这样一种观点，即
一个运动或过程只有在它具有**适当的功能**时才符合前有意行动的
条件，即通过跟踪它的特征或**产生**有机体的事态或使一个有机体
有能力……来完成一些（有益的）任务（Rowlands，2012，138）。
但它只是作为一个有机体与环境适当耦合（主动与世界挂钩）的
动态过程。

5.5　行动表征观点的影响

我们可以总结一下在本章中学到的内容，详细描述我们所谓
的"最小表征"的特征。

1. 最小表征不是内部的——它延展到身体与环境中，并且与
   神经元呈"弱"关联。
2. 最小表征不是离散的、可识别的、持久的东西，它更像是

一个暂时性的、动态的、分布式的过程。

3. 最小表征不是被动的，它是实用生成的，主动地为系统的适应性做出贡献。

4. 最小表征是不可解耦的，事实上，如果要保持目的性，它必须继续跟踪 x，或者它必须涉及对已预测的运动状态的持续和在线预期。

5. 最小表征没有很强的指导性，即使它可以组合成一个更通用的表征框架，它也永远不够详细，无法解决常识知识或框架问题。

6. 最小表征不是同质的，不涉及解释。

实际上，最小表征的想法不再符合使其成为表征的标准。在这一点上，我们当然可以问，保留"表征"一词有什么意义？没有任何东西被重新呈现给主体，与经典的表征概念不一致，并且由于在解释表征旨在实现的"工作描述"（Ramsey，2007，25）时，人们已经在用非表征术语解释在具身情境系统中基于知觉的复杂因果相互作用了。那么，表征的概念真正起到了什么作用呢？一个更滑稽的反对表征主义但更经济性的论点表明，表征的概念所做的解释性工作比证明使用"表征"一词正当所需要的工作要少。

行动确实涉及意向性，当然是在个体层面，并且以某种方式有助于支持意向行动的亚个体过程（运动控制过程和有助于完成行动的前有意行动）。但如果表征是意向性的一种形式，则并非所有意向性都是表征性的。例如，Merleau-Ponty（2012）用身体图式过程描述的那种运动意向性，就是一种非表征性的动态过程。行动确实涉及**目的性**功能，因为它们需要跟踪世界上的某些东西。但这是一种生成的知觉跟踪——我看到我想接的球，我看到球从 A 点向 B 点移动，我的身体姿势和运动与其轨迹的变化条件发生动态关联。即使跟踪涉及协方差，但这并不意味着它是一个表征过程。我认为 Orlandi 以下的观点是对的。

　　　　　　

> 跟踪状态是接近其信息来源的状态，它们通常只涉及亚个体层面的转变。它们不会告知有机体层面的行为。认为它们是具有表征性的就是对这个概念的误解，因为表征性既需要独立于因果关系或统计相关性，又需要效果方面的贡献。（Orlandi，2014，96）

行动也是容易出错的——行动可能失败，不是因为错误的表征，而是因为知觉是有限的，世界可能是一个崎岖的地方：有些地方看起来可以攀爬，但事实证明并非如此；一些任务看起来很容易完成，但结果往往不是，这种事常有。

因此，行为中的身体有一种意向性，它不应被理解为内部的、可解耦的或指导性的表征，不涉及相关意义上的解释的意向性，因此不具表征性。这种意向性以一种反映亚个体层面的特定时间结构的方式与环境动态关联。

随着大脑与非神经的、更广泛的物理环境的复杂分布式（和
延展的）因果交换变得越来越频繁，这些交换的时间特征似
乎会变得越来越丰富。(Wheeler, 2005, 244)

行动涉及时间过程，可以参照自组织连续循环因果关系的动
力系统更好地解释。因此，可以将有助于构成行为的意向性描述
为符合以下限制条件：

1. 目的性/规范性限制条件：行为会**错误地**跟踪世界上的事
   物。但这可以用主动知觉跟踪来解释。在这方面，
   Rowlands 正确地指出：

规范性并非或不一定以内部表征的形式存在。相反，它也可
以在外面找到。我们的行为被灌输了一种自成一格的规范性
形式，它并非源自主体的内在状态。(2012: 136)

一旦我们到达这一步，我建议，解释我们对规范性的把握就
不再是表征问题，而是解释我们如何与世界动态耦合的问题。

2. 动态限制条件：行动与环境情境动态相关（耦合或直接挂
   钩）。构成行动的过程可能指的是行动本身以外的事物或
   某种状态，但仅限于行动的语用术语。但这并不意味着它
   们表征了这种情况。即使它们客观地记录了有关该事态的

信息（例如，如果我的抓握形状反映了我正在伸手去拿的东西的形状），将其视为有关世界的信息是外部解释的结果，并且只能从观察的角度获得。它对系统本身的信息不起任何作用。

3. 组合限制条件：前有意行动和基本动作反映了意向性的综合时间和运动模式，可以形成更复杂、动态、与目标相关的意向性行为。

5.6　表征的科学实用观

表征的叙述是否为解释行动提供了一个有用的捷径？表征的概念是否提供了"非常真实的解释性杠杆"（Clark，1997，145；见Chemero，2000）？或者它可以解释任何关于行动的问题吗？Clark和Grush（1999，8）非常精确地提出了这个问题：

———————

当然，仿真器电路也可以同时被简单地视为一个较小的动力系统，与直接连接到现实世界的系统相连。但这就是它应该存在的状态……问题是，这些描述中的哪一个对认知科学最有用？

我认为，表征主义充其量只是解释行为过程的一种方式——一种科学抽象的方式。但是表征本身不能提供什么额外的解释：

这是一个仍然需要加以解释的概念。此外，风险在于表征作为叙述会被赋予本体论的印象，即系统中确实存在离散表征，并且它们不仅仅是动作本身的一部分。

一个重要的问题是，大多数认知科学家继续使用这个术语，而且使用的方式通常不太清楚。在行为描述中，它只不过是一个方便的但经常被混淆和引发误导的术语，一个糟糕的启发式方法，一个尴尬的占位符，仍然需要以动态的方式给出具身的、环境嵌入和生成的解释。

即使有人认为表征的概念确实做了一些解释工作，我认为反对表征主义也算作一个非常务实的观点。从该术语的大量使用中定义和区分任何合法的表征意义，并证明其使用的合理性，可能比用非表征主义术语解释同一现象需要花费更多的精力。如果可以用非表征性术语来解释认知现象，那么表征的概念充其量就是冗余的。

第 6 章　无推理的知觉

Enactivist
Interventions

在第 5 章中，我研究了行动中表征的概念；在本章中，我将讨论知觉中的推理问题。知觉是否涉及推理，如果是，这意味着什么，我们应该把它们归于哪里？在这里，我与其他反对知觉推理模型的几位学者观点一致（如 Bruineberg, Kiverstein, & Rietveld, 2016；Orlandi, 2014），而我将捍卫生成主义的替代方案，探讨生成主义方法如何回应与认知渗透和文化对知觉的影响相关的问题。然而，这种方法将对知觉科学提出一些挑战。因此，我将最后再次回顾在第 1 章中提到的，被理解为自然哲学的生成主义的内容。

6.1　知觉推理模式

传统观点一直认为知觉是涉及推理的。人们可以立即想到 Helmholtz，但也可以想到最近发展起来的预测编码模型。在二者之间，例如，我们发现 Fodor 和 Pylyshyn 对 Gibson 的直接知觉概念进行批评时表达了计算主义观点，这似乎与这两种方法相一致。

目前的理论（有时被称为"信息处理"的观点）认为知觉在几个方面取决于推理。由于推理是一个显示前提和导出结果的过程，因此知觉和记忆之间的内在联系是信息处理观点的一部分。最后，由于推理的心理机制是一种心理表征的转换，由此可见，与此相关的知觉是一个计算过程。（Fodor & Pylyshyn，1981，139−40）

我们应该从字面上还是从隐喻上看待推理概念（见 Hatfield，2002）仍然是一个问题。例如，Helmholtz 认为"从我们通过观察对感官的效应并推出其原因来看，知觉的过程就像推理一样"（Helmholtz，1867，430）。同样，Palmer 阐述了 Fodor 和 Pylyshyn 所描述的观点，他认为：

使用术语"推理"来描述这样一个过程似乎有点像隐喻，因此削弱了知觉通过无意识推理工作的主张的力量。但是，正如我们在一开始所说的，无意识推理至少应该是隐喻性的，因为正常的推理显然是缓慢的、费力的和有意识的，而知觉是快速的、容易的和无意识的。这很重要，因为知觉依赖的过程可以视为需要启发式假设的推断。（Palmer，1999，83）

最后，在预测编码理论阵营中，Jakob Hohwy 有时也会做出同样的论断。

———————

知觉的问题是利用这些效应（即大脑所能获得的所有感官数据）来找出原因。这是大脑的一个因果推理问题，在许多方面类似于我们日常的因果推理或者因果推理的科学方法。在某种意义上，尽管底层机制依然是贝叶斯推理，但"预测误差最小化"比推理更机械。该机制本身的"神经元硬件"本身并不在从事字面上的推理：神经集群只是试图产生预测其输入的活动。（Hohwy，2013，13，55）

人们普遍认为，大脑过程最好被理解为推理，虽然有时被视为隐喻性的，但推理往往被视为一种实质性的主张。如果主张知觉过程的运作是推理性的（计算的、表征的），就很难提出异议：许多事情可以被视为推理操作的，如恒温器、烟雾探测器等。但这意味着这只是一种描述知觉的亚个体的大脑过程，如果我们能找到一个不同且更简单的方法，即用更简洁的方法去描述这样的过程，产生同等或更强的解释力，我们就应该考虑把它作为一个可行的选项。

什么促使人们认为大脑过程是推理性的呢？

1. 一般的不可观察性原则

大脑无法直接接触到世界。Helmholtz（1867, 430）很好地表述了这一点："我们事实上只能直接接触到神经处理本身，也就是说，我们知觉到的是效果，而不是外部事物体。"或者像 Jacob Hohwy 所说的那样："感官数据……是大脑能够接触到的全部。"（2013, 13）预测编码的支持者，包括 Hohwy，事实上应该否认最后一个命题，因为他们也会争论说，大脑可以获得一套基于经验的先验（记忆）。但这只是进一步解释了他们为什么认为知觉是推理的，因为推理似乎是解释先验（可能是概念性的格式）如何与感官信息整合的最佳机制。一个更专门的不可观察性原则引出了社会认知涉及理论推理的观点——因为我们想知道的东西（他人的精神状态）是内隐的。就像我们无法直接接触到他人的思想一样，更概括地说，我们自己的大脑无法直接接触到这个世界。

假设是明确的。首先，假设所有的认知（包括知觉）都发生在大脑中。其次，假设大脑被锁在黑暗的头骨中，无法接触外部世界。它如何在不从感官数据提供的线索中得出推论的情况下获得有关世界事实的知识是一个谜团——这似乎是它唯一可用的线索。Andy Clark 总结道：

因为，从某种距离外看，大脑的任务似乎是不可能完成的：

它必须在无法以任何形式直接接触信源的情况下发现关于刺激信号的可能原因的信息……在任何直接意义上，它所"知道"的都只有它自己的状态（如尖峰序列）的流动和变化方式。在这种（有限的）意义上，该系统所能直接接触到的就是它自己的状态。因此，世界本身是禁区（尽管它可以，重要的是，发出运动指令并等待事态发展）。仅仅根据其自身内部状态的变化模式，它如何改变和适应其反应，以便将自己调整为一个有用的节点（一个值得其相对巨大的新陈代谢成本的节点），以产生适应性反应？我们的任务是……仅从变化的输入信号本身推断出信源（世界）的性质。（Clark，2013a，183）

由于大脑与世界隔绝——被锁在头骨里，知觉被认为是一个复杂的结构或程序，涉及计算、推理和表征，是一个帮助系统（大脑）找出解决方案的结构化过程。

这正是预测编码的观点。大脑被描绘成无法直接接触外部世界，因此，它需要通过解码感知输入构建一些内部模型来描绘这个世界（Hohwy，2013）。这个过程涉及基于实证先验的突触抑制。基于先验（如记忆、假设或先前的经验）并考虑某种感觉输入，大脑被描绘成对该输入的原因进行自上而下的概率性推断。然后，预测与输入相比对，不匹配产生的预测误差被回馈，供大脑纠正，同时系统动态地来回调整，直到达成一个相对良好的匹配。

2. 推理解释的第二个动机是，它为解决刺激物的缺乏问题提供了足够的解释力

刺激并不能提供知觉所需的所有信息，这样的假设，即所谓的刺激物缺乏问题。例如，作用于视网膜的光的模式是模糊的。请注意，这与因素1也是相关的，也就是说，大脑无法接触这个世界。

这一事实预示着我们眼中的世界应该是极其不稳定的，但这显然是错误的。推理观点假设视觉系统利用一些储存的假设，这些假设有助于弥补刺激物的缺乏，降低表征的不稳定性。（Orlandi，2013，743）

基于贝叶斯统计过程的先验在预测编码模型中为推理（预测）的形成过程提供了支持和约束。例如，光线投影的不连续可能是由各种环境特征造成的，如边缘、裂缝、阴影等。但在统计学意义上，边缘是造成光线不连续的更常见的原因，这就是推理的先验。除非产生预测误差，否则大脑会以一种稳定的方式确定对边缘的感知。

6.2 社会认知例证

推理是不是知觉的必要成分，是最近在社会认知背景下关于

直接（即非推理）知觉的辩论主题。事实上，在这场辩论中出现了令人惊讶的转折。心理理论（一种传统上坚持不可观察性原则的立场）的一些支持者，已经放弃了这一原则，并接受了一些心理状态的直接社会知觉的想法（如 Carruthers，2015；Lavelle，2012）。不可观察性原则似乎是导致人们认为心理理论过程需要推理的原因之一，正是因为按照传统的观点，我们无法通过知觉访问对方的心灵。Alan Leslie 清楚地表达了这一立场："因为他人（乃至我们自己）的心理状态完全隐藏在感官之外，所以它们只能被推断出来。"（Leslie，2004，164）在放弃不可观察性原则的同时，我们似乎应该放弃需要推理来理解他人，而通过知觉对其他信息的了解可能是非推理的这种想法。但结果却不是这样的。

例如，Carruthers（2015，3）认为"其他人的心理状态往往体现在知觉的内容中（并且）这个结论与许多形式的关于我们'读心'能力的心理理论的说法是一致的"。它与心理理论保持一致，因为根据 Carruthers 的观点，知觉本身是由一套默认的心理理论推论形成的。

事实上，人们可能会认为，任何关于我们对心理状态的知觉的充分说明（假设后者是真实的），都需要诉诸作为这种知觉基础的一套默契的推论，这样就有资格成为一种理论。（Carruthers，2015，2）

推理是需要的，因为心理状态不能独立于概念和关于世界的知识而被知觉。我们不知道如何解释其涉及的因果过程，除非诉诸某种相当于内隐理论的东西，我建议……即使是生成主义也不能避免对内隐理论的需要。(Carruthers，2015，3)

在这种语境下构思知觉，至少有三种可能性。

1. 我们需要知觉过程加上知觉外的推理过程；推理是概念性的/理论性的，整合发生得如此之快，以至于人们认为它纯粹是知觉的（这是 Lavelle 和 Carruthers 所捍卫的立场）。

2. 知觉本身就是一个推理过程（Helmholtz 和预测编码理论）。这并不是说我们在知觉过程中添加了一个认知过程：知觉已经是认知性的了。

3. 知觉是生成性的（以行动为导向，功能可供性驱动，而不是推理性的），但仍然是知觉的和"智能的"，因为它与环境协调，可以引导方向。

例如，Lavelle（2012）明确指出，要掌握另一个人的心理状态（如意图、情绪），知觉必须由知觉外的推理过程来补充。这并不是发生在我们意识体验的现象学水平上（即综合尺度上），而是发生在亚个体层面（基本尺度）。我们无须在我们的意识体验中增加额外的步骤，那是因为额外的（推理的）步骤已经混合在其中了——已经被添加在亚个体层面了。

　　例如，Lavelle 拒绝了 Gallese 的建议，即低水平的镜像神经元过程足以理解行为。Gallese 认为："我们无须通过假设自上而下的影响来建立一套映射目标的神经机制。我们已经在前运动系统中有了它。我们无须一个进一步的机制来映射目标。"（Gallese，2007，15）相比之下，Lavelle 坚持信念由非知觉区域表征，并且通过推理过程引入。"寓意是，虽然理论实体不一定是不可观察的，但人们需要一个理论才能观察它们。"（2012，228）

　　Carruthers（2015）同意 Lavelle 的观点，他仍然想要区分知觉和推理，但他也指出，知觉永远无法"从一个人的其他信念和目标中概括出来"。这种对知觉/认知边界的理解假设视觉处理过程存在一个阶段（有时称为"早期视觉"），不受一个人其他精神状态的任何直接影响。但是否存在这样的阶段是值得怀疑的（2015，3）。虽然这几乎暗示了一个与概念完全整合的知觉过程，但它是以一种无须推理的方式进行的——一种被认知渗透的更简单的知觉。Carruthers 仍然希望保留推理，他认为这是一个快速的在线过程。

　　例如，将一组看上去相似的形状分为两个不同的类别，会影响对形状的知觉相似性。由于分类，以前看起来相似的某些形状现在看起来明显不同。然而，直到最近，尚不清楚这些影响在多大程度上发生在处理过程中的后期决策阶段，或在线的感官体验会被概念改变。但现在有足够的证据支持后一种观点（Carruthers，2015，5）。

　　Carruthers 引用的另一个例子也指向同样的问题。希腊语有两个词表示"蓝色"——浅蓝色（ghalazio）与深蓝色（ble），但只有一个词语表示"绿色"。Thierrry 等人（2009）使用脑电图（EEG）测量了希腊语和英语使用者的视觉皮层上的特定神经元信号、视觉失匹配负波（vMMN）。该信号在出现特异刺激（如一系列圆圈中的正方形，或一系列浅蓝色圆圈中的深蓝色圆圈）后大约 200 毫秒出现，这个时段属于视觉处理的前注意和无意识阶段。vMMN 在希腊语使用者中呈现显著差异，但在英语使用者中没有显著差异。也就是说，不同深浅的蓝色之间的概念差异直接体现在视觉处理中。因此，Carruthers 总结道："由于希腊语使用者对浅蓝色和深蓝色有不同的概念，因此他们认为这两种颜色更加不同，而且在注意或判断施加影响之前，他们在视觉处理的早期阶段就这样做了。"（2015，5）

　　目前还不清楚这些例子是否完全解决了这个问题，因为我们仍然可以问，对早期视觉处理的影响有无可能是早期感觉区域的弹性变化的结果。然而，Carruthers 更喜欢在严格的感觉/知觉处理和与文化相关的概念之间进行快速的在线绑定，这仍然为影响知觉过程的无意识推理留下了空间。Carruthers 没有提到 Tiierry 等人（2009）也发现了希腊语和英语使用者 P1 的差异（P1 出现在 vMMN 前 100 毫秒）。考虑到这一点，推理整合将会非常快。

　　然而，对 Carruthers 来说，关键是凭借处理速度，在知觉接触到意识时整合知觉和概念过程。

概念信息是在刺激物的呈现和随后的全局广播间的几百毫秒的窗口内被处理的。这很可能反映了专业知识的作用。虽然你或我可能慢慢地从棋盘上的棋子布局中找出白方的优势所在，但大师可能会立即看出来……（就社会认知而言）唯一的限制是"读心"推理是否可以足够快地进行。由于许多形式的心理状态似乎与导致它们的行动和/或环境状态同时发生，我们可以假设普通的"读心"者可以足够快地得出必要的推论（2015，6 – 7）。

在那种情况下，即使我说，我看到你难过或者你打算从你的杯子里喝一口水，这种"看到"（在有意识的层面上似乎是直接的）实际上是在一些知觉线索和一些大众心理的基本规律的基础上潜意识地推理出来的。因此，对 Carruthers 来说，这仍然是知觉加快速理论推理，运行在亚个体层面。Lavelle 和 Carruthers 的建议是，知觉和内隐理论是两个独立的东西，需要在基本尺度的快速推理过程中结合起来。这不是推理的知觉，如预测编码，而是知觉加上知觉外的推理。

因此，这种类型的提议与预测编码或 Helmholz 的模型不同，后者认为知觉本身就是一种推理。此外，正如我们所注意到的，对于预测编码模型，有一个更基本的不可观测原理在起作用，即大脑只能直接接触"神经"事件，而永远无法接触知觉对象。这意味着，知觉并不是真正的直接接触的。相反，"知觉现象学与世界相距甚远……穿插在你和世界之间的是一个使用模型来解释感官输入的过程，即消除预测误差。"（Hohwy，2013，48）这体现了一种间接性。知觉"是间接的，因为你现在的体验是在你对当前感官输入的自上而下的预测中给出的，而不是来自事件本身的自下而上的信号。"（48）

6.3　生成选项

生成主义的方法从不同的假设开始，并提出不同的问题。人类的大脑不仅随着人体进化，它的工作方式也因此而进化；它不是孤立的，而是与身体，进而又与环境动态耦合。有机体（脑-体系统）是在本身的情境中运作的，而不是根据由大脑推断得出的情境模型运作。这种大脑-身体-环境的耦合是由神经元过程、身体运动、解剖学、功能以及环境的物理规律等方面构成的。

大脑、身体、环境的所有参数都会相互影响。例如，一个对象，如一块食物不仅激活视觉区，也激活其他感觉区域，以及前运动皮质和味觉皮质的方式，因为我有手并且对象是可触碰的，有激励兴趣（饥饿）和对奖励的预期。这些因素的变化都意味着知觉的变化。如果人体没有进化出双手，如果我出生时没有手，或者我因故被截肢，整个系统的表现会不同，我的知觉也会不同。

在生成主义的观点中，神经可塑性在一定程度上减轻了视亚个体过程为推理的需要。知觉的神经网络是由先验经验建立起来的——"建立以被启动"（Prinz，2004，55）。无论在视觉区或由早期感觉和联想区域构成的知觉网络中发生了什么灵活的变化，这些变化都限制并塑造了当前我对视觉刺激的反应。神经网络与特定的环境事件相协调。此外，还需考虑运动前区、顶叶和边缘系统神经元的激活模式调节视觉处理的动态过程（Kranczioch et al.，2005；讨论见 Engel，2010，233－5）。

例如，我够取距离的局限性不是取决于我的大脑对手臂的反应，而是取决于我的手臂的长度，它随着我的成长而成长，我的视觉系统已经适应了它。这并不意味着我的手臂长度存储在某个地方作为一个先验，并在大脑必须决定是否有可能拿到食物时在推理中被激活。相反，这意味着有物理变化发生在视觉区和运动区，所以当需要做出够取动作时，系统会以动态的方式被激活——它已经被设置为以正确的方式启动。我的手臂的物理长度随着发育过程而变化，连同我之前的伸手练习，调整大脑过程，以便神经元激活而不是推断任何东西，与我的身体和特定环境中的可供性相协调，某些东西要么触手可及，要么不可触及，要么不感兴趣，等等。我根据这些感觉－运动权变以及这些东西在与我这样的身体相关的实际情况来知觉事物。

许多关于知觉的解释将分析局限在识别问题上。正如我们所看到的，预测编码领域的问题通常是关于视觉系统如何识别外物的，因为它只能接触感官输入。这就引出了这样一种观点，即知觉的功能是猜谜，还有什么比使用推理逻辑更好的方法来猜谜呢？但知的功能绝不是纯粹的识别。例如，视觉涉及的不仅仅是识别和运动控制。感官并不仅仅负责识别物体，或者仅仅负责指导身体运动。有机体渴望食物、休息、性、审美享受或理解等，眼睛绝不是无关紧要的。早期知觉加工区域的神经元活动（如V1）反映的不仅仅是简单的特征检测。V1神经元如果被先验调节，就会期待奖励（Shuler & Bear，2006）。这是一种本质上的奖励导向的反应——在这方面没有需要推断的空间。

此外，通过知觉，自主神经系统和外周神经系统以与中枢过程同步的动态模式被激活，但在某种程度上，这让我们很难弄清是什么在调节。正如我们在第1.5节提到的，随着最早的视觉处理，内侧眶额叶皮层被激活，启动全身肌肉和荷尔蒙的一系列变化，调节与先验相关的器官、肌肉和关节的过程，并与当前的感觉信息进行整合（Barrett & Bar，2009）。这样的调节有助于指导情感和行动反应。视觉刺激和与当前情况相关的情感及感觉 - 运动过程相结合，不仅产生大脑激活，还产生特定的身体情感变化。进一步考虑，对他人面部的知觉不仅会激活面部识别区域和腹侧流，更重要的是，会激活我们的背侧视觉通路——这表明我们在面对他人时知觉到动作可供性（Debruille，Brodeur，& Porras，2012）。也就是说，我们不是简单地通过识别在瞬间知觉到一张脸的"快照"，而是随着时间的推移知觉到对他人情绪的即时反应和对他们的行为做出特定反应的可能性。

　　面孔知觉不是客观的，它涉及复杂的互动行为和反应模式，这些模式来自与他人面孔的积极接触——不是对客观特征的简单识别，而这构成了一种意义体验或形成反应效价的互动知觉。社会知觉是一种不同于对象知觉的知觉。他人的凝视会影响你，而你对他人情绪的知觉也会影响你，即使这种影响没有被有意识地识别。在观看愤怒或快乐的面孔、各种身体姿态和潜意识图像时，一个人的自主神经系统也会记录情绪并做出反应（Tamietto，2013），正如 Barrett 和 Bar（2009）所建议的那样，这种反应是知觉的一部分，对情感的知觉本身就是感受性的。

　　对有机体而言，识别任务——识别某个物体、一张脸或另一个人，似乎是推理性的。但我们（或大脑）并不仅仅是试图解决一个涉及猜测或识别的谜题。认为广泛的情感因素（包括各种自主和稳态因素）巧妙地融入推理结构似乎不太直观。即使是预测编码的坚定支持者，如 Jakob Hohwy，也会有疑问："贝叶斯的推理方法……似乎相当理智。说大脑'推断'或'相信'事物也有点奇怪。如果我们都不了解，大脑又怎么会了解贝叶斯方法呢？就此而言，贝叶斯方法似乎并不直接涉及知觉现象学的全部丰富性……"（Hohwy，2013，18－19）

　　我们已经（在第 2 章中）看到，不可能将各种不规则的身体过程放入一组 B－模式的表征中，我们将（在第 8 章中）看到各种情感过程，甚至人体循环和心跳的变化也会影响知觉（Garfinkel et al.，2014）。此外，呼吸也是导致神经元对感觉刺激和行为表现的反应不同的因素。例如，我们知道，呼吸的阻塞或故意中断会增加感觉区、运动区、边缘系统和联想区的皮层神经元活动（Peiffer et al.，2008）。MEG测量的beta、delta和theta振荡的变化以及体感皮层中正在进行的gamma功率调制也是由相应的呼吸阶段（与嗅球的感觉输入有关）驱动的，结果是对视觉刺激的反应时发生显著变化，在冥想期间比在休息阶段明显更长（Liu，Papanicolaou，& Heck，2014；Heck et al.，2016）。[⊖]

呼吸和心率是影响知觉反应的非代表性因素。当我睁开眼睛，我（体验主体）看到了世界上的一切，视网膜上会发生化学变化，视觉皮层与前运动皮层和其他情感区、外围系统、自主神经系统和其他完全具身的系统的神经连接被激活。从生成主义者的观点看，感知系统不仅存在于大脑中，它包括嵌入或参与环境的有机体（大脑-身体），该环境具有某些规律性和可供性。带走空气中的一些氧气，整个系统都会受到影响，如呼吸、心率、消化、姿势平衡、运动控制（这些是高原反应的一些症状），还可能包括视力衰退和非理性行为。

⊖ 还有与呼吸有关的其他影响：它影响运动和感知跟踪（Rassler，2000）；视觉和听觉信号检测（Flexman，Demaree，& Simpson，1974；Li，Park，& Borg，2012）；情绪感知（Zelano et al.，2016）和疼痛感知（Iwabe，Ozaki，& Hashizume，2014；Zautra et al.，2010）。感谢Somogy Varga提供这些参考资料。

刺激不足问题可通过身体运动的可能性来解决（反映为生成主义者所谓的感觉－运动权变，预测编码理论称将其为"主动推理"），在环境中移动，以提供更多信息并减少歧义。这种行动的重点是，环境就是它本身，只是我们的大脑有时无法接触到丰富的环境结构。如果我们承认有机体随着时间的推移可以接触环境（被调谐或耦合），并且不仅能够运动，而且几乎总是在运动，问题就能解决。一个人可以通过尽可能保持静止产生刺激问题的缺乏。

Nico Orlandi 在这方面有一个很好的论点。视觉系统的默认假设是：边缘在统计上比阴影更常见，或者可能在进化上对检测更重要。鉴于光的不连续性产生感官刺激，系统会进入此默认设置并形成对边缘的推理。换句话说，推理必须诉诸外部环境的事实。Orlandi 问道："为什么不从一开始就这样做？如果边缘比其他实体更常见或更典型或更重要，那么这就是我们看到它们的原因。"（2014，41）视觉系统无须推理，因为它"可以简单地被相关环境事实连接起来，以产生将不连续的刺激'视为'边缘的状态"（41）。该系统在物理上与这些事物相协调。

不会仅仅是简单的感官线索，如视觉不连续性或颜色，视觉线索会一同形成一个视觉情境，并与其他感官模式相互整合，包括内感觉、本体觉、前庭因素等。它们能捕捉到更丰富的环境细节。这一事实减少了认为我们所谓的"认知渗透"是通过基于知识的快速推理起作用的需要。如果我的视觉系统能识别边缘，那么考虑到社会关系的进化和发展意义，我的知觉系统也应该（或将要）识别面部表情、姿势、动作、语音语调等模式，而这些模式正好是对方情绪或意图的反映，因此无须亚个体层面的推理，我们也能感知情感或意图（参见 Gallagher，2008b；Newen，Welpinghus，& Juckel，2015）。

　　沿着这条线索，Orlandi（2014，192ff.）展示了情境敏感性（而不是基于知识的推理）如何解释为什么我们眼中的香蕉比实际颜色更黄，或即使他们的肤色完全相同，我们眼中的非洲裔美国人的脸也比白种人的脸更黑（Levin & Banaji，2006）。例如，在后一种情况下，这不是因为我们事实上知道这张脸是非洲裔美国人的，并推断肤色一定比较深，而是因为我们从来没有单独看到肤色：我们还看到了鼻子和嘴巴的形状——由于统计规律，我们将这些元素与较深的肤色联系起来。如果这是基于知识的推理，那么一旦我们知道肤色相同，知觉到的差异就该消失，但事实并非如此。正如 Orlandi 继续表明的那样，人们可以通过参考情境敏感性或语义对注意力的影响来解释这种认知渗透的典型例子。也就是说，这些不一定是认知渗透的例子，因为这种解释是推理主义者构想出来的（同见 Firestone & Scholl，2015）。

　　神经过程与非神经过程相结合，可能与环境规律共同变化，如某些光线、某些气味、某些纹理、某些声波，但没有理由认为这一切涉及表征，或者认为这种联系需要推理。如果有机体（大脑－身体）被认为可以接近、适应或动态耦合到环境，则推理是没有动机的。协调意味着有机体对某些环境特征敏感——部分是进化的原因（详见第 9 章），但也有与个体发育以及社会和文化因素的原因。这种有机体对环境的协调敏感性（由奖励模式塑造，并影响与习得的反应和熟练技能相关的模式，这本身就是身体细节和环境因素的影响）足以让我们知觉世界。

6.4　文化渗透力

是什么渗透了知觉？自上而下的认知假设或信念？心理理论的观点，大众心理概念或陈词滥调？还是人类（社会）生活的一些更广泛的特征？情绪、情感、特征、实践和技能也可以调节知觉（Siegel，2011），其中一些涉及文化因素。知觉他人不仅仅受限于情绪模式的抽象差异，还受限于对外群体（相对于内群体）成员的情感态度（Gutsell & Inzlicht，2010）。一个人是否能够对另一个人的情绪和意图做出反应，取决于这个人对另一个人所属的种族或民族的态度（通常是隐含的和无意识的）。

这方面的证据可以在关于他人疼痛感知的跨文化实验中找到。Xu 等人的一项研究（2009）证明了隐性种族偏见的神经效应，并表明对他人疼痛的共情神经反应受到内群体/外群体关系的调节。功能磁共振成像显示，与当他们看到内群体成员遭受相同刺激时的前扣带回皮质（ACC）激活相比，当受试者（白种人或中国人）看到外群体成员（分别是中国人或白种人）遭受疼痛的刺激时，前扣带回皮质的激活显著降低，该区域被认为与移情反应有关。态度和偏见的差异是由社会和文化经历导致的，这些经验可能导致前扣带回皮质和运动辅助区的可塑性变化，并且显然与我们的知觉系统有一定的联系。我们只是对外群体成员的反应较弱，并且在观察外群体成员时我们运动皮层的活动显著减少（Molnar-Szakacs et al., 2007）。最引人注目的是，内群体成员无法理解外群体成员的行为，这对于他们不喜欢的外群体来说尤其突出：越是如此，对外群体成员意图和行为的把握就越不直观（Gutsell & Inzlicht, 2010）。

按照推理主义的观点，最好从充满理论的角度来思考社会和文化因素。讨论认知渗透性的常见例子涉及信念。你知道香蕉是黄色的，这个信念会影响你眼中香蕉的颜色，因此无色的香蕉看起来也是黄色的（Gegenfurtner, Olkkonen, & Walter, 2006）。同样有研究表明，关于外群体成员的消极信念会干扰一个人识别情绪的能力（Gutsell & Inzlicht, 2010）。在这种情况下，理解他人的情绪受到了关于外群体成员的特定信念的限制。在某些概念上，这不仅是"拥有一个信念"，还是拥有一组信念的问题。根据这种观点，Lavelle（2012）和 Carruthers（2015）提出的那种亚个体推理过程似乎是一种可能的解释。

相比之下，有充分的证据表明，亚个体层面的知觉过程已经由可塑性机制、身体和环境（包括社会和文化），因素和先前的经验塑造，而无须在知觉中添加额外的推理。例如，考虑一下现在众所周知的西方人和东亚人知觉和关注视觉对象和环境方式之间的差异（Goh & Park, 2009）。西方人更关注个别物体，东亚人则更倾向于关注背景。这些差异与特定信念或知识的影响无关；它们被认为是认知风格的差异，不仅与文化相关，还与年龄相关，并涉及大脑腹侧视觉区的差异（Goh et al., 2007）。例如，人们还发现，不仅与文化工具和实践相关的大脑过程因人而异，而且大脑机制的文化差异特别是潜在的知觉和情绪调节的基础也人各不同（Kitayama & Park, 2010）。例如，相对于欧洲裔美国人，亚洲人对代表社会评价威胁的面孔图像的神经处理模式不同（Park & Kitayama, 2014）。社会和文化因素以非常具体的方式对塑造基本知觉体验和情绪反应的大脑过程产生物理的、可塑性的影响。这有助于解释为什么个人在识别同文化的他人的意图和情绪方面比对不同文化的他人更准确（Elfenbein & Ambady, 2002a, 2002b; Matsumoto, 2002）。跨文化的情感"方言"（或具身的互动动态）存在细微差异，这影响了跨文化情绪识别（Elfenbein et al., 2007）。研究还表明，情绪识别中的群体内优势在很大程度上与遗传或种族因素无关。无论种族和民族如何，似乎个人最能理解内群体成员的情绪（Elfenbein & Ambady, 2003）。然而，如果我们不仅将情绪感知视为对他人情绪的客观认同或智力认知，而且将其本身视为感知者的具身的情感过程，如前一节所述，那么尚不清楚理论推理是否足以解释这些现象。此外，像Carruthers 这样捍卫先天模块化心理理论机制的理论家，或捍卫以自动和情境无关方式运行的预编程镜像系统的理论家，在解释知觉的文化差异时特别困难。例如，Scholl 和 Leslie（1999，136-7）根本没有为这些类型的文化效应留下空间，因为它们可能不仅涉及大脑的变化，而且涉及整个大脑-身体-环境系统的变化。

其他人则认为，同一物种的心理理论的发展模式相同（如 Segal，1996），这与许多其他能力的不平衡和文化依赖的发展形成了鲜明对比。然而，社会认知的跨文化研究（见 Domínguez et al.，2009）和关于种族偏见和非人性化的研究结果（参见 Gallagher & Varga，2014）仍与这些预期不一致，表明社会认知机制在构成上依赖于历史文化情境和群体成员。将他人同视为人的基本知觉本质上取决于文化背景——这是任何社会认知理论都必须考虑的一个方面。

否认文化因素对社会认知或一般知觉有这样的影响，只有当人们接受"认知不可渗透"的论点时才有意义（Pylyshyn，1999）。然而，认知不可渗透和认知可渗透的观点都以相同的方式想问题：认知都被认为是存储在大脑高层的东西，然后注入或不注入大脑的初期感知区。就好像发育和学习过程只对前额叶或更高级的区域有影响。

然而，文化因素的影响似乎十分普遍。不仅信念，而且情绪、特质、实践和技能都可以调节知觉。例如，对于刚接受过俄语培训的读者来说，一张西里尔字母看起来与她在具备阅读技能之前所看到的不同（Siegel，2011）。正如 Siegel 指出的那样，被文化渗透的知觉以一种强化这些事物的方式证实了情绪、特质、技能等。文化因素可以强化神经元放电模式并导致系统性的变化，强化具体实践和姿势、行为习惯和主体间互动。然而，按照生成主义者的观点，这一切都与我能直接知觉他人意图和情绪的观点相抵触，我们不需要额外的推理来知觉。

6.5　对自然的反思：从自由能到自我生成

现在回到我在第 1.6 节提出的主题。生成主义方法对科学提出了挑战。正如我在那里指出的那样，通过不仅关注大脑、环境、行为，而且关注大脑 – 身体 – 环境的丰富动态（其中环境包括社会和文化因素），生成主义提供了一个整体论的认知概念。但好的科学研究似乎离不开各种实践和制度安排，如实验控制、劳动分工、学科分工，我们无法同时考虑所有因素。

Peter Godfrey-Smith（2001）提出应区分"科学研究计划"和"自然哲学"，将生成主义置于自然哲学之中，这意味着什么？正如 Godfrey-Smith 所说，自然哲学不一定要与科学使用相同的词汇。尽可能准确地描述世界而开发的概念需要考虑一系列科学描述，但在适当关注理论基础结构的哲学时，它"可以使用自己的范畴和概念"（Godfrey-Smith，2001，284）。

对自然哲学来说，认真对待科学数据并不要求它将任何特定的科学解释视为必要的真理。例如，神经科学数据告诉我们，某些神经元在某些情况下会被激活。悬而未决的问题是我们是否必须以表征、推理、模拟、计算等标准科学词汇解释这种激活，所有这些解释都基于一个重大的内在主义假设（所有认知都发生在大脑中），其他数据则表明这种激活与身体和环境过程的持续动态相整合。

表征或推理的词汇充其量只是一组占位符，但这些占位符最终不仅需要在不同的大脑概念和功能中兑现，也需要在不同的自然哲学中兑现。另一种思考自然的方式应该努力推动认知科学实践，使做科学变得更加困难，但也更有成效。

在这方面，生成主义不仅涉及对心智和大脑本质的重新思考，还包括对自然本身的重新思考（详见 Di Paolo，2005；Thompson，2007，78ff.）。从动态自组织适应性系统的连续性和整合性的角度重新思考自然以及认知、知觉和行动的本质，可能有助于进一步激发对科学的重新思考。正如 Daniel Hutto 所说：

生成主义致力于这样一种观点，即心理是从有机体的自创生、自组织和自创造活动中产生的东西。所讨论的活动本身被认为是有机体与其环境之间的相互作用，随着时间的推移，这种相互作用让有机体以新的方式塑造自身（2011：22）。

这种解释单元从大脑到大脑 – 身体 – 环境的转变是认知科

学面临的挑战的核心。根据预测编码理论，贝叶斯推理模型需要一道强大的认知边界，将大脑与身体的其他部分和世界分开（Hohwy，2013）。在另一种解读中，自由能原理则指向了一个更广泛的理论框架，该框架与自创生的概念相联系，而自创生的概念又对生成主义发挥了类似的作用（Bruineberg, Kiverstein, & Rietveld，2016；Gallagher & Allen，2016）。在这些更广泛的思考中提供一种更接近自然哲学的方法，或者至少是一种理论生物学，它可能允许对认知科学的更专业问题进行新的思考。

自由能原理适用于任何抵抗无序倾向的生物系统（Friston, Kilner, & Harrison，2006）。它指出，一个自适应自组织（即自创生）系统要维持自身，它需要最小化熵或自由能（或者用预测编码的术语来说，最小化预测误差）。变分自由能是一个数学概念，粗略地说，是无序或意外的信息论度量（上限）。在理论生物学术语中，如果我们将生物体视为一个自组织系统，它通过预测感官输入或采取行动来维持生存，这反过来又改变了它的感官输入。因此，它需要适应其生态位，以最大限度地减少意外，并且"将有机体 – 环境系统的耦合动态保持在一个相对较小的状态子集内，以维持有机体在其生态中的生存能力"（Bruineberg, Kiverstein, & Rietveld，2016，2；Friston，2011）。生命系统和认知系统具有相同的组织原则。

　　一个重要的问题是：任何特定系统如何精确地实现这种惊异的最小化？它如何将自己保持在状态子集内？预测编码是一种可能的答案，而且，正如我们所见，这个特定的答案是根据Helmholtz 式的无意识推理、预测误差最小化和主动推理的概念构建的。然而，这个答案至少在理论上切断了大脑与世界的联系。大脑只能访问它自己的过程，它必须预测它的生存方式。马尔可夫毯代表了这种情况（见图 6 - 1）。马尔可夫毯是一个源自贝叶斯网络和因果关系的概念。

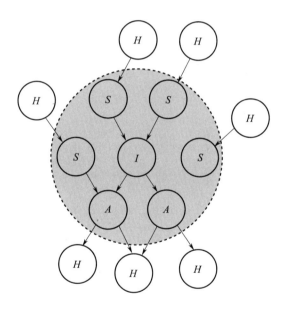

图 6 - 1　马尔可夫毯

灰色阴影的圆圈代表节点 I 的马尔可夫毯，由 I、它的子节点、父节点和子节点的父节点组成，父子节点被理解为因果关系节点。根据自由能原理（Friston，2013a）对内部和外部状态的划分，H 表示隐藏的外部状态；I 表示内部状态，A 表示内部活动状态，S 表示内部感觉状态。（摘自 Gallagher & Allen，2016）

马尔可夫毯定义了局部互连的网络或节点（子系统）的集合。因此，马尔可夫毯类似于细胞壁，将内部和外部状态分开以创建稳定的动态，这些动态本身不会直接影响导致它们出现的局部耦合。根据预测编码的解释，外部状态只能间接（通过推理）得知。因此，马尔可夫毯构成了世界和有机体之间的隔断。内部状态本身可以细分为外部状态的子状态或内部状态的子状态。内部状态具有概率表征或推断隐藏（外部）状态的能力，这些状态本身会受到由活动状态引起的环境变化的影响。该方案固有的循环性意味着动作（导致外部世界发生变化，但不引起感官状态的变化）为生物状态的熵设置了上限，用于维持受内部状态约束的稳态平衡（Friston，2013a）。

预测编码解释让这些动态的、共同变化的生物过程带上了推理和表征的描述。然而，正如 Bruineberg、Kiverstein 和 Rietveld（2016）所建议的那样，Friston 对循环因果关系和主动推理的强调为另一种可能的解释——生成主义解释——留下了空间，它强调有机体与其环境的动态耦合，并根据自创生提出自由能原理。在自创生系统中，以马尔可夫毯表示的边界并没有将系统与其环境隔开，而是定义了有机体–环境的耦合。"从一开始，这种边界对活的生物体的重要性一直是自治的生命现象的核心……如果这是源自自由能原理的唯一边界，那么概率推理本身的概念似乎没有任何东西可以挑战生成认知科学。"

（Bruineberg，Kiverstein，& Rietveld，2016，22；Bruineberg，Bruineberg，& Rietveld，2014；Clark，2015）

为了最大限度地限制熵增，有机体通过在"平衡点"附近徘徊维持内部稳态。它需要通过预测可能的威胁并采取行动，最大限度地减少任何意外。Bruineberg、Kiverstein 和 Rietveld（2016）引用 Dewey 的有机体 – 环境概念，提到了一个重要的例子："对鲸鱼来说，在深海是一个低惊异的事件，在岸上是一个高惊异的事件，而对人类来说，情况正好相反。因此，生物组织和动物生存所需的环境条件相互制约。"(6)。

在第 3.3 节中，我指出了 Dewey 情境概念的重要性，其中情境不等同于客观环境，而是以这样一种方式包括主体，以至于主体无法获得对情境的"客观"看法。这反映在这样一种观念中，即有机体只能通过采取行动来获得自己的生存条件。[⊖]

因此，在自由能框架内，只有行动才能最大限度地减少惊异。行动改变了有机体与环境的关系，从而改变了有机体的感觉状态，Friston 将其称为主动推理（2012）的过程。正如我们所理解的，自由能是衡量内部动力学和环境动力学失调的指标（惊异 = 熵增）：当动物预期到感觉状态时，它的惊异值很低；而当它们没有

⊖　Friston（2010，2013b）表明，主体"没有"世界的模型：它们"就是"世界的模型。

预期到时，它的惊异值很高。自由能原理表明，最小化自由能是生命系统维持其组织的必要和充分条件（Bruineberg, Kiverstein, & Rietveld, 2016, 9）。

生成主义解释强调行动；预测编码则解释强调知觉（Friston 对二者都表示赞同，并指出通过知觉我们还可以借助调整我们的先验来最小化惊异）。但是请注意，最小化惊异不是在大脑中发生的事情，而是整个有机体在与环境的相互作用中所做的事情，或者在不同的描述下，是一个人的"在世存在"。根据这种观点，引导行动的先验不是引导推理的假设或信念，它们体现了与可供性空间相结合的具身准备技能和行动准备模式（Brincker, 2014; Gallagher, 2015; 同见第 9.4 节）。知觉并非与行动隔离的："知觉是与环境积极交流的必然结果"（Friston, 2009, 293）。知觉和行动涉及对根据有机体 – 环境定义的物理、社会和文化可供性的动态调整，有时也包括科学的规范性实践。

科学本身就是一种主动参与。生成主义作为自然哲学支持一种整体论，在这种整体论中，多种因素被理解为有助于形成完整的心智概念。这对于实验科学来说仍然提出了一个实际的复杂问题，尽管在处理一个特定的具体问题时，我们当然不必在每种情况下都考虑所有内容。同时，实际上，在假设包括它们比忽略它们可能更容易的情况下，就要决定哪些因素更重要了。例如在对社会认知的解释中，相比于需要表征、推理或其他概念的更复杂的解释，具身的互动实际上可能不会那么复杂。同样，在更广泛地解释知觉和认知时考虑行动、具身过程和环境因素应该会引导我们获得更全面的框架，该框架仅在解释认知的实际复杂性时才会变得复杂。

第 7 章　行动与自由意志的问题

Enactivist
Interventions

　　生成主义拒绝对心智进行表征主义和基于推理的解释。出于这个原因，一些哲学家认为生成主义是行为主义的一种版本。Ned Block 认为，Noë（2004）的生成主义模型是一种新的行为主义，因为它没有提供任何关于在感觉运动输入和输出之间介导的内部过程的说明（2005，另见 Block，2001；Aizawa，2014；Carruthers，2015；Shapiro，2011，28；也参见 Aizawa，2014；Carruthers，2015；Shapiro，2011，28；Hutto & Myin，2013，17ff）。鉴于生成主义的现象学根源，将其与行为主义等同起来似乎是一个奇怪的想法。现象学家强调意识的重要性，并坚持行动的意向性涉及某种形式的自主性和自由选择的可能性。行为主义和受现象学启发的生成主义之间的区别，至少部分涉及自由意志和意识作用的传统问题。为了解决这些问题，我将从简短的历史回顾开始论述。

7.1 普遍理解的自由意志问题

一些哲学家认为，笛卡尔将非人类动物描述为纯粹的物理自
动机或没有意识的机器人，这种观点是错误的。因为在他们看来，
很明显有些动物是有意识的。其他哲学家则认为，机器人和其他
人造主体拥有意识有朝一日也许会成为现实——现在对它们（哲
学家和机器人）采取意向立场似乎既适合又实用。我不确定是否
有哲学家或科学家会否认动物有意识，但肯定机器人可能有意识。
无论这些思想家如何定义意识，他们中的大多数确实将意识归于
人类。然而，在这个群体中，有些人想要重申一个观点，由
Shadworth Holloway Hodgson 在 1870 年阐明，即就行动而言，意识
的存在并不重要，因为它没有起任何因果作用。Hodgson 的大脑产
生了以下想法：神经事件形成了一个自主的因果链，独立于任何
伴随的有意识心理状态。意识是副现象，无法对神经系统产生任
何影响。James（1890，130）总结了这种理念：

笛卡尔的功劳在于他首先大胆地构想出一种完全自给自足的
神经机制，该机制能够执行复杂且明显智能的行动。然而，
笛卡尔以一种极其武断的限制条件，停止了对人类的研究，
虽然他认为非人类动物只是神经机器，但他更认为人的更高
级行动是理性灵魂的能动性结果。非人类动物根本没有意识
的观点当然太自相矛盾了，以至于它在哲学史上充其量只是

作为一个令人好奇的条目存在。神经系统本身可以发挥智力作用的观念被抛弃了，而智力是整个理论不可分割的一部分，但似乎也从人们的观念中溜走了，直到 19 世纪，反射学说的出现使得它再次自然兴起成为可能。但我相信，直到 1870 年，Hodgson 先生才迈出了决定性的一步，他说感觉无论存在得多么鲜明，都没有任何因果力量，并将它们比喻为马赛克表面的颜色，而神经系统中的事件则好比石料。显然，是马赛克的拼接产生了图案，而不是相反。[⊖]

众所周知，当我们问意识是否会导致行动时，我们是在问意识是否在身体运动和运动控制的启动中起作用。这种理解问题的方式体现了正在进行的关于自由意志辩论的大部分思想。我将尝试提供证据和例子来证明至少在哲学讨论的这一小块领域里，这种理解是多么普遍。

对这个问题的共同理解可以在副现象主义中找到答案，其中因果效应被归于神经机制而不是意识。神经事件引起身体运动和意识，但意识不能引起神经事件或身体运动。然而，对该问题本身的理解已经由笛卡尔设定，并且涉及他的心智概念，即我控制着自己的思想和行动的心理空间。这种现代思想的根源至少可以追溯到斯多葛学派，他们帮助重新定位了行动的某些重要方面。

⊖　La Mettrie（1745）和 Cabanis（1802）首次提出了即使动物有意识，也不会往行为的产生中添加任何内容的想法（人类也一样），Hodgson（1870）和 Huxley（1874）对此进行了进一步的解释。

对于像亚里士多德这样的古希腊思想家来说，作为道德品质的展示，行动是在世界上公开发生的事情（Arendt，1958）。在斯多葛哲学中，行动的重要部分被移入人的内部，行动有无外在表现已经不再重要——毕竟它可能由于情境的限制而无法实现，例如，当一个人被锁在监狱里。重要的是一个人内心生活的完整性和意向性。一个人所做的，即使是以他的公开行动的形式，也主要是在自己的精神空间之内。正如我们随后在 Augustine（395）的研究中发现的那样，判断一个人不仅要根据外部行动，还要根据一个人的内部意向，因为后者定义了一个人的行动的重要性。众所周知，笛卡尔将心智视为内部心理空间的概念源于这一传统，其中意志的运用意味着肯定或否定观念（见 Gaukroger，1997）。

　　这种心智概念，作为一个可供反思的内部空间，构成了对自由意志的现代理解。作为一个行动，它由什么构成涉及导致身体运动的某些心理过程。在笛卡尔的观点中，使某种行动成其为行动的是对这些心理过程的贡献。没有这样的过程，我们就只有自动机和动物的行动了。除非行动首先发生在头脑中（在某些情况下在想象中明确地表现出来），那么外部行动就不是真正的行动。在这个定义下的行动总是有意向的行动。如果我的身体运动不是有意的它就只是类似于反射。如果我的身体运动不是由我自己的反思思想决定的，那么它就是无意识的运动，而不是行动。

副现象主义者采用相同的笛卡尔框架，并且简单地用"不"来回答意识是否导致了身体运动的问题。因此，行动只不过是由有意识思维以外的过程决定的。副现象主义者并不否认有意识的思想的存在，甚至不否认有意识的思想与笛卡尔所描述的相似。但意识对有机体的行动根本没有因果贡献。

在这种解读中，笛卡尔主义者和副现象主义者可能在现象学上达成共识，但在行动的溯因上存在分歧。他们可以达成共识的现象学是什么？据说就是这样：当我行动时，我会反思性地感受到一个愿望或意向，然后感受到通过努力产生身体运动。我的行动似乎是在这些心理过程中形成的，只要我意识到这些心理过程以及我的身体运动，我的行动似乎就在我的意识控制之中。笛卡尔主义者会说，看起来什么样就是什么样；但副现象论者会说，看起来是这样的，但情况并非如此。二者都在回答同一个问题。这些心理过程是否会构成我的身体运动？如果答案是肯定的，就会出现自由行动的想法。我们感受到的努力和随之而来的运动是我们愿意采取行动的结果。如果答案是否定的，那么努力的感觉只不过是真正控制行动的大脑过程产生的感觉。我的生成性只是神经事件的副产品，它缺乏真实性。

自由意志的概念通常可以根据这个问题来理解。心理事件是否作为使身体移动的原因而运作？从有意识的意愿到运动的肌肉是否有某种直接的转变？笛卡尔认为，心理事件以某种方式与大

脑相互作用，然后激活肌肉。[⊖] Carpenter（1874）将心理状态描述
为关闭"神经力"中的物理回路或作为心理和生理之间的转换。
然而，对副现象主义者来说，二者没有相互作用，没有要闭合的
回路，也没有转换。如果要说有，就是说物理因果关系不足以解
释物理事件。

7.2 反思与知觉理论

在这场辩论中，关于意识如何与行动相关的不同观点有时会
与反思理论关于运动如何受到有意识控制的观点相关。在这种理
论中，只要我的行动受到我的内省反思的选择的控制，并实施对
运动的自我监控，意识就被用来解释行动。正如 Naomi Eilan 所描
述的那样，反思理论"认为对意向或行动的某些方面的某种形式
的反思让行动变得有意识"（2003，189），因为这让我处于控制之
中。也就是说，注意力意识针对的是我的内在意向，以及这种意

⊖ "现在，灵魂的行动完全在于此，仅仅通过意志就使与它紧密结合
   的小腺体（松果体）以必要的方式运动，以产生意志的效果……当
   我们愿意走路或以任何方式移动身体时，这种意志会导致腺体将精
   神推向产生这种效果的肌肉。"（Descartes，1649，xli，xliii）关于意
   志，他还写道："我们的意志反过来却有两种。灵魂的某些行动终
   止于灵魂本身，例如当我们愿意将我们的思想应用于某些非物质对
   象时。我们的其他行动终止于我们的身体，因为当我们仅仅愿意走
   路时，我们的腿就会运动，让我们开始走路。"（1649，xviii）

向如何转化为身体运动。相反，知觉理论指出，"是某种形式的环境意识使行动变得有意识"（189）。Eilan 通过解释知觉在行动方面扮演两个知识产出的角色来具体说明这一点。首先，它提供了我们以行动为目标的关于环境对象或事件的知识。其次，知觉反馈提供了关于行动是否正确完成的知识（见 Eilan，2003，190）。

我们可以通过考虑一个简单的正常行动的案例（如喝一杯饮料）来阐明反思理论和知觉理论之间的区别。我口渴了，决定去喝一杯饮料。我从办公桌前起身走到冰箱前，打开它，伸手去拿一杯饮料。在反思理论中，我的行为起源于我有意识地决定去喝一杯饮料，而这个有意识的决定通常被描述为意识到我对饮料的渴望，由口渴的感觉所激发，且相信冰箱里有喝的东西。然后，出于这些原因，有意识地将我的身体移向饮料的方向。这可能是对此过度简化的一个版本，但它清楚地表明了根据该理论实现行

○ 这种观点一个最近的例子可以在 Metzinger（2003，422）的研究中找到：在决策或选择的过程中，通过将抽象的目标表征或具体的自我模拟整合到当前的现象意向关系模型中，作为对象组件，可以产生有意识的意志。形成这个过程的对象组件的自我模拟实际上是对"可能的运动模式"（423）的有意识的"不透明模拟"，即我自己身体的可能运动。不透明的模拟是我们明确意识到的。"如果满足两个条件，意志的第一人称视角（实践意向的非凡体验）就会出现。首先，对象成分必须由特定的自我模拟构成，由对具体行动模式的心理模拟构成，例如起床并走向冰箱。其次，作为模拟，在意识体验层面描述的关系是对当前这种特定行为模式的选择。"（422）

动所需的意识过程的种类。其基本思想是，我通过有意识地决定
我想要什么来启动和控制我的行动，并有意识地移动我的身体来
完成目标。根据这种观点，意识是自我关注或自我监控的。相比
之下，在知觉理论中，意识主要指向外部世界。我很清楚我想得
到什么，我要去哪里，我在寻找什么——冰箱、饮品。这种对行
动的感知得到了本体觉和视觉运动反馈的补充，它告诉我已经完
成（或未能完成）目标。知觉意识似乎对于行动的成功很重要，
因此在推动行动中起着必要的因果作用。

　　然而，从副现象主义的角度来看，关于意识如何导致行为的
知觉理论并不比反思理论要好。上述所有知觉方面都可以用第三
人称物理机制进行因果解释，所需的知觉信息正是运动控制所需
的那种知觉输入。事实上，大多数此类知觉信息是无意识地处理
的，并且根据副现象主义，重要的只是信息处理（相关总结见
Jeannerod，2003）。显然，我们可以造一个可以从冰箱中取出饮料
的无意识机器人，而且很明显，最初的动机（我们口渴）本身可
以简化为启动更大行动过程的无意识过程。意识可以让我们广泛
地了解正在发生的事情，它可以充当"休眠监视器"（Jeannerod，
2003，162）。因此，正如 Eilan 所说，它让我们知道在做什么，但
在推动我们的因果过程中没有发挥任何作用。作为有意识的动物，
我们似乎只是在顺其自然。

　　除了反思理论和知觉理论之间的差异，Joëlle Proust（2003，
202）很好地总结了使问题变得清晰起来的提问方式（以及，正如

我将论证的，当这种话语应用于自由意志问题时，会有什么问题）："标准的哲学行动方法可以根据特定的导致相关身体运动的心理状态定义行动。"她指出，即使对所涉及的心理状态存在分歧，"现在关于这种因果方法也存在广泛的趋同意见"。至少在反思方法中，我们熟悉的备选概念是欲望和信念（Davidson，1980；Goldman，1970）或意向（Searle，1983；Mele，1992），它们为行动提供了概念上的理由。这些术语提出了赋予意识因果效力的最佳论据，而这些术语正是副现象主义所拒绝的。根据 Proust 的说法，行动的正当性和行动的原因之间没有必然的联系，因为动物能够进行有目的的行动，而无须对它们为什么会采取这种行动有一个成熟的概念理解（2003，203 - 4）。而且我们知道，即使是经过深思熟虑的以特定方式行事的人，实际上也可能是由于不同的、无意识的原因而以这种方式行事。

在一些分析中，即使是"最小的"行动（Bach，1978），如姿势变化、前注意动作、如抓痒或避开环境中的物体，或与"行动意向"相关的详细动作（Searle，1983）——它详细说明了如何实现意向的细节，即使不是由大的或复杂的心理状态控制的——仍然依赖于知觉模型，并保持对相关身体运动的因果控制的关注（Proust，2003，206）。然而，正如 Proust 所指出的，这种知觉过程可能是完全无意识的。对 Proust 来说，"重要的是身体运动是否倾向于在主体的指导下……无论特定目标导向运动的前提是什么，使其成为行动的是促进相应主体积极保持其身体努力的方向以实现目标事件。"（207）

依据这些观点，即"标准的哲学方法"，或者我所说的"对问题的共同理解"，包括副现象主义的观点，主体通过控制自己的身体来执行其行动，即通过隐含的（前反射）知觉意识过程，或通过非意识过程。事实上，一般而言，对运动控制和动作表现的良好理解可以通过知觉无意识过程解决。然而，问题在于，这种对行动的思考方式被转移到关于行动是否自由的问题中，更普遍地影响了关于自由意志的争辩，这就是事情开始出错的地方。

7.3　自由意志实验

围绕 Benjamin Libet（1985，1992，1996；Libet et al.，1983）实验的辩论，可以很好地说明事情是如何出错的。正如 Libet 所指出的，"这些实验中对自由意志的操作定义与普遍观点一致。"（1999，47）Libet 的实验表明，行动和生成性感觉取决于我们无意控制的神经事件，并且这些事件发生在我们有意识地决定做出动作之前。在一项实验中，Libet 要求将手放在桌面上的受试者在他们想要做某事或有冲动的时候轻弹他们的手腕。他们的大脑活动受到监测，特别是导致运动的大脑活动的时间过程，在运动前500 到 1000 毫秒之间。就在轻弹之前，从运动皮层下行连接到手腕的运动神经产生了 50 毫秒的活动。但在此之前数百毫秒（最多800 毫秒），大脑已经开始活动，称为准备电位。受试者通过参考一个允许他们报告几分之一秒的大时钟来报告他们第一次意识到他们做出决定（或冲动或意向）要轻弹手腕的时间。结果表明，平均而言，在他们意识到决定（或有冲动）之前的 350 毫秒，他们的大脑已经在处理导致移动的运动过程了。因此，Libet 得出结论：在有意识地决定做出动作之前，无意识的大脑过程已经启动了该过程（Libet，1985，见 Schultze-Kraft et al.，2015）。大脑似乎以一种无意识的方式做出了决定，然后于亚个体层面在紧凑的基本尺度内做出了反应，但另一种解释是：大脑创造性地欺骗了我们，让我们认为自己可以有意识地决定要干什么。

这些结果引发了一个问题，这个问题是由 Libet 用准确的术语提出的："自由自愿的行动似乎是在大脑中无意识开始的，早在人有意识知道他想要采取行动之前。那么，有意识的意志在自愿行动的执行中是否有任何作用？"（Libet，1999，51）对这些结果的副现象主义解释是，我们所说的自由意志只不过是一种错误的感觉或印象，一种幻觉（如 Wegner，2002）。Libet 本人的回答是肯定的：意识可以对我们的行动产生影响，自由意志是可能的，因为在我们意识到我们的动作意向之后到动作开始前还有大约 150 毫秒的时间。他认为我们有时间去有意识地否决这个动作（1985，2003）。[⊖]

⊖　至少最近关于这些实验的部分争议是准备电位是否确实只针对于特定运动的（无意识）计划，而不是更普遍的激活，即与特定运动没有直接关系的背景神经元噪声的一部分。见 Schurger，Sitt，& Dehaene，2012；Schurger，Mylopoulos，& Rosenthal，2015。

这些实验是否确定了，甚至解决了自由意志的问题？只有假设这个问题在身体运动的启动和控制方面是正确的，答案才是肯定的。正如我所指出的，这是对这个问题的共同理解。Patrick Haggard 用他自己的一系列实验扩展了 Libet 的实验，清楚地表明了这个假设："关于行动的核心哲学问题是有意识的自由意志是否存在。也就是说，'我'如何控制我的身体？"（2003：113）[⊖] Haggard 没有明确区分运动控制问题和自由意志问题；事实上，对他来说，自由意志问题显然是一个关于运动控制的问题。他关注的是摒弃自由意志的反思理论，并专注于运动控制的具体细节，以及行动意向而非先验意向的概念。于是，问题就变成了："我的意志或意向如何与它引起的行动（即身体运动）相关联？"（113）对 Haggard 来说，意志或行动意向会在大脑偏侧的准备电位信号中被捕捉到，这是准备电位一个更具体的部分。在运动开始前大约 500 毫秒，双侧准备电位活动开始偏向运动皮层，位于将要运动的手的对侧。正是这种偏侧化的信号产生了运动，而且产生了我们开始运动的意识。"与其他一些观点相比，这种观点使意向意识更接近于运动执行的详细模式。因此，（对意愿的意识）看起来更像是行动意向，而不是先验意向。"（118）因此，动作意识"与被认为是运动控制基础的内部模型交织在一起"（119）。

㊀ Haggard 和 Libet（2001）以同样的方式构建了这个问题，将其称为自由意志的传统概念："一种精神状态（我的有意识的意向）如何启动导致我身体运动的大脑运动区域的神经事件？"（47）

在标准的反思、知觉或副现象理论中，以及在最近由神经科学提供丰富信息的辩论中，人们的共同理解是，自由意志要么被我们所了解的关于运动控制的知识，即关于"我"如何控制我的身体的问题解释，要么被搪塞。然而，我认为这是两个不同的问题，就像"我们要开车去哪儿？"与"这辆车是如何工作的？"不同，如果在回答你的问题"你今天开车去哪儿啊？"时，我精确地告诉你我车里的内燃机是如何转动车轮的，你应该会觉得奇怪，为其中一个问题找到的好的答案与回答另一个问题不一定相干。

我们对运动控制问题的最佳答案表明，大多数控制过程发生在基本尺度的亚个体、无意识层面。当我们在这个世界运动时，我们通常不会以任何明确有意识的方式监控运动动作的细节。当我走向海滩，我通常不会意识到我是如何激活腿部肌肉的。我的意识对象是海滩、海洋、预期坐在阳光下享受和阅读关于自愿行动科学的最新图书等。涉及本体觉、感受复制、前向比较器、生态信息的身体图式过程等，让我朝着正确的方向前进。

现象学和神经心理学都支持对我们如何控制身体运动的知觉和无意识解释的结合，并且它们排除了正常情况下的反思理论。也就是说，在正常情况下，我们无须身体运动的二阶意识；当我们执行它时，我们不必反思性地意识到行动的开始或运动的过程。相反，在移动时，来自我们对目标对象的感知体验的输入，以及关于我们身体表现的感知生态反馈有助于运动控制。在这种情况下，有些反馈是有意识地产生的。比如，当我决定去拿这个特定的物体而不是另一个物体时，或者当我大致了解海滩的位置时。然而，许多反馈是无意识的。例如塑造我的抓握动作的无意识视觉过程（Jeannerod，2003）。在后面这种情况下，意识对运动控制没有任何帮助，甚至可能会干扰行动的及时性和流畅性。

我们应该预料关于我如何控制我的身体，或者我如何让我的身体运动的答案应该是这样的。就像在传入神经阻滞（包括本体觉反馈丧失）的情况下，我们必须有意识地或反思地控制我们的行动（Gallagher & Cole，1995），或者，如果我们通常需要有意识地在笛卡尔心理空间中表征我们的运动，然后我们才能在世俗空间中影响它们，我们将不得不付出巨大的认知努力并在很大程度上减慢速度。[⊖]因此，除非我们认为我们以一种有意识的、主要是反思的方式控制身体运动，否则 Libet 的研究结果就不足为奇了。自由意志的实验正是关于对身体运动的控制的，尽管即使在这方面它们也受到限制，因为它们对运动控制纠缠于非典型问题。在实验情况下，我们被要求注意所有我们通常不注意的过程，并以我们通常不用的方式移动我们的身体（粗略地说，我们被要求采取一种类似于传入神经阻滞患者行动的方式行动）。

⊖　Jeannerod（2003，159）指出："从自动执行到（有意识监控下的）受控执行的转变涉及整个（抓取）运动的运动学变化：运动时间增加，最大抓握孔径变大，总体精度下降。"另见 Gallagher，2005a。

　　然而，这些实验，以及更普遍的关于运动控制的讨论，并没有告诉我们关于自由意志本身的任何信息。如果它们有助于证明关于我们如何控制运动的知觉或副现象理论，那么这些理论就不是解决自由意志问题的理论。自由意志的问题是一个不同的问题。

7.4　运动控制与自由意志

　　就像在实验中一样，当哲学家试图找到自由行动的例子时，类似的事情也会发生在标准的哲学语境中。长期以来，人们在讨论自由意志时会引用身体运动的例子。例如，"看看我如何能自由地举起手臂。"（见 Chisholm，1964；Searle，1984；Mohrhoff，1999）[一]Jonathan Lowe（1999，235－6）曾主张：

　　在正常的自主行动的情况下，在形成主体身体运动的原因中包括该主体的有意向状态，这些状态"大约"就是这种运动。例如，当我试图举起我的手臂并成功地举起时，我的手臂就抬起来了——在抬起的原因中包括我希望我的手臂应该

[一] 亚里士多德也举了一个这样的例子："主体自愿行动，因为移动作为工具的身体部位的主动权在于主体自身。"（Nicomachean Ethics 1110a，15）

抬起来的欲望。物理事件的意向性原因总是"直接"针对这些事件的发生,至少在涉及正常的自愿行为的情况下是这样的。

哲学家经常将运动控制视为自由行动的"原型"(Zhu,2003,64)。这种哲学反思(通常是在身心或大脑 - 身体互动方面进行的)可能会让神经科学家在寻找自由意志时走错方向,即陷入控制运动的亚个体过程领域。

试图根据这些亚个体过程来构建自由意志问题,要么忽略它,要么拯救它,至少从以下两点看来是错误的。首先,自由意志不能被压缩到150~350毫秒的基本尺度内,它是一种长期现象,我认为它涉及意识。其次,自由意志的概念不主要适用于抽象的运动过程,甚至不适用于构成有意向行动的身体运动,而是适用于从最恰当的实用层面进行描述的有意向行动本身。

首先,就时间尺度,与自由行动相关的各种过程不是一时兴起的,它们不是基本的或瞬时的,也不适合出现在准备电位和运动之间的毫秒级现象学中。以下示例反映了在基本尺度下,自动控制的快速运动与综合和叙述时间尺度较慢的自主行动之间的区别。⊖

⊖　自动运动不是自主运动的对立面。快速的自动运动可能是纯粹的反射,也可能是自主的,因为它可能适合并服务于有意向的动作。

1. 在时间 T，有东西在我脚边的草丛中移动。

2. 在 $T+150$ 毫秒时，我大脑中的杏仁核被激活，在 T 达到 200 毫秒时，在我知道为什么之前，我跳起来并移动到了几码⊖开外。在这里，整套运动可以纯粹用无意识的感知过程、神经元放电和肌肉收缩来解释，同时也可以用进化论解释为什么我们的系统以这种方式设计。

3. 我的行动激发了我对正在发生的事情的意识，在 $T+1000$ 毫秒时，我看到在草丛中移动的是一只无害的小蜥蜴。我的下一步行动是不一样的。

4. 在 $T+5000$ 毫秒时，在观察了它是哪种蜥蜴后，我决定将它捕捉到我的蜥蜴收藏中。

5. 在 $T+5150$ 毫秒时，我退后一步，自主快速伸手去抓蜥蜴。

我抓蜥蜴的决定与条件反射完全不同。这个决定涉及对刚刚发生的事情的认识（如果我没有意识到那里有一只蜥蜴，我就不会决定去抓蜥蜴），以及承认蜥蜴是我可以欣赏的东西。在 $T+5150$ 毫秒时，我退后一步，伸手去抓它。人们可以专注于这个动作并说：在 $T+4650$ 毫秒时，在我没有意识到的情况下，我大脑中的过程已经开始为我去抓的行动做准备了，甚至在我决定去抓之前。因此，似乎我的自由决定实际上是由我的大脑预先决定的。但这忽略了更大时间框架所定义的背景，这涉及先前的运动和对

⊖　1 码 =0.9144 米。

蜥蜴的有意识识别。此外，很可能事情没有我描绘得那么快，也许直到我做出决定后的 10 秒，我才真正伸手去抓蜥蜴，因为它是对我的收藏很好的补充。现在，Libet 和一些哲学家可能会坚持认为，必须做出一个额外的决定才能在那个时候准确地启动我的身体运动。但很明显，任何关于移动的决定都已经受了最初有意识的捕捉蜥蜴的决定的影响。在这种情况下，我的行动并不应描述为身体动作，而是试图抓住蜥蜴作为我的收藏品，这比毫秒级的实验框架跨越了更大的时间范围（包括综合的和可能的叙事尺度）。[⊖]

　　这就引出了第二点，即与自由意志相关的适当描述水平。正如我一直在提议的那样，与普遍的理解相反，自由意志的问题不是关于身体运动，而是关于有意向的行动。我们自由决定的动作并不是 Libet 实验所描述并纠结于它的那种身体运动。如果我伸手去抓蜥蜴，而你停下来问我在做什么，我不太可能说以下任何一句话："我在激活我的神经元。""我在伸展我的肌肉。""我在移动胳膊。""我在伸手。"这些描述适用于讨论运动控制和身体运动，但不适用于描述我参与的行动。相反，我可能会说："我正试图为我的收藏捕捉这只蜥蜴。"无论从实践上还是从规范上来说，后一种说法都是对我自由决定要做的事情的最恰当的描述。

有关意识在成瘾中的作用的有趣讨论，请参阅 Clune（2013：85 - 6），他探讨了这个蜥蜴示例与成瘾行为之间的区别。

我认为实现自由意志的时间框架，至少是一个允许特定类型的意识为该过程提供信息的时间框架。这种意识不是反思理论所描述的那种意识——根据这种理论，我的反思关注将集中在如何移动我的身体以实现目标。但我根本没有考虑如何移动我的身体——我在考虑抓蜥蜴。我决定捕捉蜥蜴是一种意识的结果，这种意识嵌入或植入当前遇到蜥蜴的情况所定义的特定环境中，与我收藏了蜥蜴这一事实相关。这是一种嵌入的或植入的反射（Gallagher & Marcel，1999），既非内省也不专注于我的身体。它是"嵌入在实用或社会情境中的第一人称反思意识，包括当有人问我在做什么或我打算做什么时我从事的活动类型"（Gallagher & Marcel，1999，25）。为了回答这样的问题，我倾向于向外看我所处的周围环境，并确定我可以对它们做什么。这是一种基于可供性的反思。我不会将我的信念和欲望作为心理空间中的状态进行反思，也不会深思熟虑地考虑我应该如何移动我的手臂或塑造我的手型，更不是形成预先意向的问题。它更接近于行动意向的形成，因为我将要参与呈现自己的可供性。我开始根据一些事物来思考问题。比如我正在关注的对象（蜥蜴）、我拥有的收藏品以及在这种情况下我可以采取的可能行动（离开或抓住它）。当我决定抓蜥蜴时，我会做出与反射行动相比必须被描述为反映某种程度的自主性的有意识选择，而这种选择塑造了我的行动。

在这种情境反思意识中，环境中的某些事物开始对主体产生影响，意义和解释进入画面。主体对蜥蜴等事物的记忆和知识不是副现象，它们对行为有真正的影响。如果不求助于这种基于情境的、基于启示的反思，我为什么要伸手去抓蜥蜴是无法解释的。

副现象主义者可能会反对说，这将解释归结为"原因空间"而不是"因果空间"，并且充其量只能解释动机，而不是行动的起因（详见 McDowell，1994）。我捕捉蜥蜴的反思决定并没有**导致**我尝试这样做。但是因果关系的这种狭义定义已经回避了问题，并将因果关系的概念限制在运动控制的特定机制上。也就是说，它以完全错误的方式构建了自由意志的问题。如果这场辩论中的因果关系概念被狭隘地解释为特定机制的传统机械模型，那么自由意志的问题根本与因果关系无关。然而，似乎不可否认的是，这里描述的嵌入反射确实对我的行动产生了影响，并且必须在解释该行为是如何（而不仅仅是为什么）产生的过程中发挥作用。

就意识进入正在进行的行动产生并有助于产生进一步行动的程度而言，即使该行动的重要方面依赖于自动的无意识运动控制，我们的行动也是有意向和自主的。自主行动与神经元、肌肉、身体部位甚至运动无关，所有这些都在发生的事情中发挥了一定的作用，而且在大多数情况下，都是无意识的。相反，递归地，所有这些过程都是由我决定捕捉蜥蜴的意向引发的，也就是说，是由在个体水平和综合尺度上被精确描述为"有意向"的行动引发的。自由意志的实施不能被识别为或简化为对神经活动或肌肉激活或仅仅是身体运动的描述。

我并不是在为出现在笛卡尔思想中的无实体的自由意志概念辩护，也不是要暗示构成运动控制要素的无意识大脑事件与自由意志无关。事实上，由于两个密切相关的原因，这种无意识的具身过程，包括 Libet 描述的那种神经系统事件，巩固并支持了人类特有的自主性。首先，运动控制的无意识身体图式机制支持有意识的行动，并由相关的有意识目标构成和调节。意向性一直深入运动的运动学方面，因此不同的行动意向需要不同的运动学特征（Becchio et al., 2012）。与 Anscombe（1957）一致，基本尺度的操作是有意向的，即使它们不是有意向的行动。所有这些相关过程都是由我的有意向的目标来构建和调节的，同时它们也限制和支持我的行动。当我决定伸手去抓蜥蜴时，所有适当的身体动作都会到位。因此，这些具身机制使自由意志的实施成为可能。

其次（确切地说正是）在我们不需要有意识地考虑身体运动或诸如自主过程之类的事情的范围内，我们的注意力可以被引导到更有意义的有意识的行动层面。当这些支持机制失效时，行动的可供性就会减少。尽管如此，仅仅从心智－身体或心智－大脑互动的角度来回答自由意志问题的建议是错误的。与具身认知的生成主义方法一致，我们要考虑的相关交互作用是处于情境中的心智－身体系统与其物理－社会环境之间的动态耦合。

因此，自由意志的实施不应被等同于那些有助于运动控制的过程，或者是在纯粹的亚个体层面产生的东西，或者是瞬时的，在未定和已定之间摇摆的事件。自由意志是在综合和叙事尺度上的时间延伸意识。

7.5　行为重建

与刚刚概述的立场相反，Daniel Dennett（2003）坚持认为，构成自由意志的过程无须有意识，也无须依赖有意识的决定。事实上，当我坚持意识为自由意志所必需时，他就曾批评我过于"笛卡尔式"（Dennett，2003，242–3）。然而，基于情境可供性的反思意识的概念根本不是笛卡尔式的。按生成主义理解，自由意志的行动不是发生在头脑中的东西——无论是按照长期的哲学传统（如在心理空间中），还是按照较新的神经科学概念（如在大脑中）。当然它是由心智完成的。自由意志的行动是在我和与我接触的事物和我所影响的人构成的世界里完成的。这类行为不仅涉及内置于行动本身的，与动作控制过程接近的动作意向，并且可以在 Libet 的基本框架中测量，Dennett 可以说它们是有意向行动的无意识方面还涉及有意识和语境相关的"行动即时意向"（Pacherie & Haggard，2010），并且在综合尺度内可测量；它们还可能激发基于情境的可供性反思。在某些但并非所有情况下，自由意志行动还可能涉及在行动的即时性之前且距离行动更"远"的意向，可在叙事框架中测量，并且需要更深入的审慎反思

（Gallagher，2012；Pacherie，2006）。

我将在最后一章回到反射的概念（见第10.3节）。最后，让我重新解决我们在本章开始时提出的问题——生成主义是不是行为主义的一种版本。就像生成主义建议我们重新思考心智的概念甚至自然的概念一样，它也建议我们重新思考行动的含义。行动具有复杂意向的观点反对把有意向的行动简化为单纯的自动化行为——因为它可能涉及运动的意向结构或操作意向、情境化的即时行动意向以及远端意向，并且在其中一些方面它涉及意识。单纯的自动化行为，正如经典行为主义所理解的那样，不涉及自由意志，因为它们不具备使其成为行动的复杂结构。

在这方面，Merleau-Ponty（1964）基于现象学对行为主义的批判是正确的。正如他拒绝将自然视为"彼此都是外部的并通过因果关系联系在一起的多样性事件"（1964，1）和有机体作为额外的部分的机械概念一样，他拒绝了单纯行为的概念并提供了更丰富的人类行为概念，这涉及一个关于"物质世界和社会世界永恒的辩题"——这个概念已经丢失或"被一种无创造性的哲学严重地影响了"（226）。这种哲学只考虑两种选择：要么行动由信念和欲望的观念性意向引导；要么意向可简化为神经元过程。在生成主义者的替代方案中，我们需要考虑完整的系统——大脑 - 身体 - 环境，它涉及"一种既不是盲目机制也非智能行为的定向活动，既不由经典机械论，也不由智力主义所解释"（1964，40）。正如 Merleau-Ponty 所说，"因为行为有一个结构，它并不位于这两个序列中的任何一个之中"（45）。它不是可以还原为基本神经元过程的东西，也不是一个想法或纯粹的意识，而是复杂关系的结构（形式或格式塔）。

第8章 更具身化的生成主义

Enactivist
Interventions

　　虽然在前几章中我一直在关注行动，考虑什么是行动以及它是如何参与感知的，但从最深刻的意义上讲，理解心智的具体方法不仅仅是一个行动导向的过程，生成主义也不仅仅是关于行动的理论。O'Regan 和 Noë（2001；Noë，2004）的版本是被广泛引用的生成主义具身认知的版本。然而，他们对感觉 - 运动权变和行动在感知中的作用的强调，建立在一个仍然过于狭隘的具身概念上。虽然这种强调显然是理解认知的一个重要方面，但在本章中，我认为它并没有得到应有的充分体现，而且它遗漏了情感和主体间性的重要方面。[⊖]

　　在前几章中，我已经谈到了与情感和主体间性有关的问题。在本章中，我将通过进一步关注这些问题来深化生成主义

⊖　人们开始在一些近期的作者身上看到这一点，他们将 O'Regan 和 Noë
　　版本的生成主义划分为"感觉 - 运动方法"，而不是生成主义方法
　　（Kyselo & Di Paolo，2013；Stapleton，2013）。对情感性和主体间性
　　的强调与 Varela、Thompson 和 Di Paolo 的生成主义相一致。

的具身概念。我们的目标是明确这些问题对于生成主义方法的持续发展至关重要。这些问题也再次激发了在 B - 模式表征和预测编码模型方面，生成主义的描述与更标准的大脑功能概念之间的对比。我认为，这些模型未能以正确的方式解释情感和主体间性。

8.1 情感

生成主义者对感知的描述强调了各种身体因素与感知过程的整合。身体被现象学家理解为 "活的身体"，包括 "身体图式" 的相关概念（Gallagher, 2005a）。身体图式的作用与运动控制有关，确切地说正是 O'Regan 和 Noë（2001）以及 Noë（2004）所强调的感觉 - 运动权变；它有助于人与周围环境的互动，并与 "身体意象" 形成对比。"身体意象" 是指身体在特定情况下作为有意向的指称对象呈现在意识面前的方式。

然而，完整意义上的 "活的身体" 不仅仅涉及感觉运动的身体图式和身体意象。一个只关注感觉 - 运动权变的描述是错误的，因为它忽视了情感方面的相关性。后者不仅包括与情绪相关的因素和情感因素，还包括身体状态，如饥饿、疲劳和疼痛，以及激发身体 - 世界互动的复杂动机维度（Bower & Galagher, 2013；Stapleton, 2013；Colombetti, 2013）。因此，身体情感涉及控制有意识生活的一系列复杂因素。它们通常以一种先入为主的方式进行操作，低于有意识的监控和操纵层面，尽管经验主体可能会意识到它们，并且它们肯定会对经验的感觉产生影响（Galagher & Aguda，2015）。我可能会有意识地体验忧郁，或者我可能不知道我的全部行为都反映了忧郁。在任何情况下，情感都是具身的，包括意识无法涉足的方面。

主体与世界的有意义接触暗示了一些基本动机，即在感知上融入周围环境。感觉－运动权变的图式给了一个主体感知的方式，一种潜在的感觉运动参与的隐性知识，而不给出其原因，这取决于在一个方向或另一个方向上推动或吸引注意的潜在价值，以及潜在的感觉运动参与。下面看一下与饥饿和疲劳有关的影响。饥饿等身体因素限制了我们的感知、行动，以及认知的可能性。William James 曾指出，当一个人饿了时，苹果看起来比他饱的时候更大、更红、更诱人。最近的一项研究（Danziger，Levav，& Avnaim-Pesso，2011）强化了饥饿可以塑造甚至扭曲认知过程的观点。这项研究表明，理性的法律推理并不能充分解释法官的判决。饥饿等"外部因素"可能发挥着重要作用。

———————

（法官做出的）有利于被告的裁决的比例在每次决策会议期间（如早餐和午餐之间），从约为 65% 几乎下降到零，然后在（用餐）休息后突然回到约 65%。我们的研究结果表明，司法裁决可能会受到与法律决定无关的外部变量的影响（Danziger，Levav & Avnaim-Pesso，2011，6889）。

在某种意义上说，这些情感因素虽然与法律推理明显无关，但只有当我们将认知视为非具身的事物时，它们才与认知"无关"。在任何情况下，我们似乎都有理由认为饥饿这种具身情感会影响法官对事实的认定，以及对证据的权衡，而且不是只在做出司法裁决时才突然出现。

例如，在一个非常基本的层面上，像恐惧这样的情感现象受到循环系统和呼吸功能的调节，甚至心跳也会影响对诱发恐惧的刺激的处理（如 Garfinkel 等人在 2014 年的实验中使用了恐惧面孔的图像）。在心脏收缩期，恐惧刺激更容易被识别，而且它们往往比在舒张期出现时更令人恐惧。我在第 6 章中提到，呼吸能调节感觉和行为表现（如 Liu，Papanicolaou，& Heck，2014；Peifer et al.，2008），包括情绪和疼痛感知（Iwabe，Ozaki & Hashizume，2014；Zautra et al.，2010；Zelano et al.，2016）。也就是说，我们是呼吸着的、有血有肉的动物，拥有跳动的心脏（而不是，比方说，仅仅是悬浮在缸中之脑），这一事实在一定程度上解释了为什么我们会经历我们所经历的那种情感状态。

然而，典型的情况是，一个人的具身化状态并不反映一种简单的、孤立的情感，而是像一杯鸡尾酒，是个人情感状态的混杂。在一天的登山后，一个人的知觉可能会受到饥饿、疼痛、疲劳、呼吸困难、肮脏感以及攀岩过程中的动觉困难的影响。此时同一条山路看起来比睡个好觉后更具挑战性，这不是因为这条路的某些客观特质，而是因为一个人的情感状态。此外，这些事情并不是纯粹和简单的体验，而是由意向性调节的。我的身体状态可能会被认为是一种压倒性的疲劳，这是任何进一步攀爬的障碍；或者，当我在一天结束时在炉火前喝一杯葡萄酒时，可能会产生一种满足感。这些情感方面影响了我的知觉，因为它们更普遍地限制了我在这个世界上的存在方式。因此，情感可能会在其对知觉和行动的影响中清楚地表现出来。

许多生成主义者已经注意到情感和感知之间的联系（Colombetti，2007，2013；Elis，2005；Thompson，2007；Thompson & Stapleton，2009）。情感现象普遍融入感知体验（Pessoa，2013；Barrett & Bliss - Moreau，2009）。注意力的转移可能会被我们所经历的情感起伏引导到不同的方向上。Husserl（2004）从现象学的角度描述了这种涉及紧张、决心、努力、不安和满足/不满的主观状态，它们调节了我们的感知（但不仅仅是感知）。从这个意义上讲，注意力体现在各种相关的方式中。例如，在视觉体验中，注意某件事可能涉及眯眼或睁大眼睛，也可能涉及面部扭曲，从头皮一直到张口或噘嘴，等等（Bergson，2001，27 - 8）。一定的紧张可以通过眼睛的快速转动来表达，这通常涉及眼外肌肉的动觉伴随。

重要的是，情感可以激发兴趣或投入感。感知兴趣的概念（Bower & Gallagher，2013）指的是与环境交互所涉及的利害关系或成本的情感意义，这与 Husserl 的"我能"概念不同。Husserl 的"我能"概念意味着对拥有技能或能力的感知，它抓住了这样一个想法，即我从实用的角度看待环境中的对象，即我能用它们做什么，或者它们能提供什么。然而，即使一个人能够胜任，他也可能感觉不到自己能够胜任，或有意愿完成它。任务可能很无聊，也可能不值得去做。这就是感知兴趣强调的情感上的细微差别所致。因此，与感知和行动交织在一起的是一种努力去做某事或使某事可用或呈现的情感利害关系，需要付出一定的成本来完成与环境可供性相关的交换。一个人所处的环境为采取行动提供了许多可能性，但每一种都有其预期的价格标签，而且并非所有这些都是同样"可供"的。因此，一个人不仅对目标的可及性有实际的（感觉运动）理解，而且在兴趣或后续意愿方面，对同样的可及性也有情感上的理解。

后者也可能涉及对呈现事物是轻松还是困难的感知。在这方面，它与 Noë（2004）阐述的感知存在现象密切相关。感知存在是一个人对感知对象的非明显方面或侧面的感知可及性的感觉，或者更广泛地说，是对当下无法直接感知的东西（例如，对象不可见的一面）的感知可及性的感觉。物体另一面的存在感、物体背后的存在感、相邻房间中的存在感等，都超越了人们应对环境的一般策略——它涉及一个人的个人状况及其所有优点和缺点。在一个非常简单的例子中，物体的"可抓取性"不仅取决于一个人对有针对性的感觉运动权变的感觉，也取决于一个人是否处于痛苦、疲劳或恐惧等状态，而且取决于一个人是否关心（或有意愿）抓取物体。

虽然每个人都会以这样或那样的方式受到这种情况的影响，但每个人都会以独特的方式生活下去。的确，感知主体的感知立场是由对以适当方式接触环境可供性所需的感觉运动权变的掌握来决定的。然而，一旦掌握了这种技能，它可能就成为一种相对稳定的、或多或少通用的或标准的技能，适用于与世界的大多数交互了。在其他条件相同的情况下，任何拥有相同技能的人都可能以同样的方式感知。相反，从一个人到另一个人，或从一天到另一天，从早上到晚上，情感的特殊性会有所不同。将情感现象纳入考虑范围会极大地丰富一个人对感知的理解，因为它澄清了感知中个人视角的本质。就情感而言，广泛的个人生活环境可能会对感知、判断、记忆、想象等产生影响。这些情况不仅包括身体负担和障碍，如体力消耗造成的疲劳障碍，还包括与一天中的时间段有关的更广泛的情况，因为一个人通常在一天开始时充满活力，在一天结束时感到疲倦，或者考虑更长期的生活阶段，从青年和老年肯定会经历个人的意向性塑造感知兴趣的过程。

我们再次考虑一下第 4.2 节中讨论的情色知觉的概念。当我对某些东西有一种特殊的具身情感意愿时，它对我来说就有了性的意义。情色意向性不是命题态度或工具理性的问题；它不能简单地归结为对行动的观察，也不能归结为行动和信仰之间的某种归因/推理联系。这甚至不仅仅是一句"我能……"可以解决的，因为它取决于某种形式的情感兴趣。正如 Merleau-Ponty（2012，

158 – 9）所言，这是一种情感意向性，它让我们看到了"知觉的重要起源"。

8.2　主体间性

据称 Proffitt 等人（1995，2003）通过一系列实验表明，距离的估计受到预期努力的影响。背着沉重背包的受试者往往会高估自己感觉到的距离，而没有背包的受试者则不会。Proffitt 等人（1995）同样描述了受试者在疲劳时如何高估斜坡的倾斜程度，这可能会让受试者失去（攀爬的）意愿，这进一步影响了知觉。这座山看起来不仅更陡，也不吸引人。一个人的判断和可能的知觉体验是由他当前的情感状态决定的。然而，这些结果受到了 Durgin 等人（2009）的质疑，在某种程度上，这种挑战指向了一个不同但对我们考虑此问题同样重要的方向。他们表明，在背着背包时，对倾斜度的估计"是一种判断偏见，这种偏见源于实验环境的社会需求，而非身体需求"（964）。在没有意识到这种偏差的情况下，感觉到实验目的的受试者比那些认为背包还有其他用途的受试者会估计出更陡的坡度。换句话说，那些对实验者的意向有所感的受试者倾向于证实这些意向，而自己却不一定知情。

如果 Proffitt 是正确的（更多讨论请参见 Proffitt，2009，2013），他的实验结果清楚地表明了知觉的具身本质。但如果

Durgin 等人（2009，2012）是正确的，他们的结果仍然指向一种具身化的现象，即他人对我们知觉体验的显著影响。

有几种方法可以将主体间性理解为一种具身化的现象。例如，弱具身理论家（参见第 2.1 节）把共情或社会认知理解为在最低意义上的具身化。也就是说，他们认为社会认知依赖 B－模式神经过程，特别是镜像神经元的激活，他们将其解释为一种模拟。然而，一种更具生成性的方法将镜像系统的激活解释为为响应准备的一部分，预测主体对另一方行为的响应。也就是说，它通常不涉及映射或模拟，也不涉及模仿他人的行为（详见 Catmur，Walsh，& Heyes，2007；Dinstein et al.，2008；Csibra，2005 关于反对模拟假说的实证证据；也可参见 Gallagher，2008d）；相反，它涉及预期过程，以实现相互作用的可能性，或针对观察到的行动准备补充行动（Newman-Norlund et al.，2007）。换句话说，这是主体对社会可供性反应的一部分。它可能涉及基本尺度的神经过程，但会立即集成到涉及主体间性的持续动态过程中。

在生成主义者看来，社会认知的特点是具身互动，而且有时是由具身互动本身构成的（Di Jaegher，Di Paolo & Gallagher，2010）。这种观点通常与强调通过理论推理或模拟"读心"的"心理理论"方法形成了对比（Galagher，2001，2005a，2008c）。在这种生成主义－互动主义的观点下，主体间性不是关于解读他人心理状态的，在某些情况下，它涉及直接知觉他们在动作动态、姿势、手势、面部表情、语音语调等方面的意向和情感，以及在高度情境化的情况下的行动（Galagher & Varga，2013）。对社会可供性的互动反应只是我们理解他人的方式。

Charles Goodwin（2000，2007）为会话分析方面的工作提供了丰富的例子，说明言语行为是如何嵌入涉及姿势、动作、位置、环境安排、可供性和他人等因素的互动和环境中的。尽管他的描述比我在这里概述的要广泛得多，但还是有必要复述一下他的例子。Goodwin 详细分析了两个小女孩在跳房子游戏中发生的争执。这是一个由各种因素组成的交互式组织，必须考虑到这些因素才能理解整个冲突的过程。Goodwin 强调"多个符号领域相互阐释的可见的、人人皆知的运行安排"（2000，1494），包括：

- 话语的语音语调的高对低、硬对软的时间流动/节奏，其中一些具有道义性而不是描述性的力量。
- 一套既定的规范（这里指跳房子游戏的规则）。
- 对已完成动作的参考（例如，其中一个女孩把一个记号笔扔到一个方块上）。
- 有意向的移动和位置（例如，一个女孩故意移动她的身体以阻挡另一个女孩，打断游戏）。
- 身体方向（允许眼神接触和共同注意地面上的跳房子图案，还包括这些姿势的时间变化）。
- 动态地与话语结合，也与两个女孩的身体姿势结合在一起的手势。

其中一个女孩的"身体姿势构成了现场的环境，这样她的手势本身就可以算作社会行为的形式……Carla 的手明显地放在 Diana 的视线范围内……她把做手势的手朝 Diana 的脸伸过去，（扭转）Carla 的身体，使她的手、胳膊和躯干的上半部分实际上都朝向 Diana 倾斜"（Goodwin，2000，149）。这个手势离另一个女孩的脸有多近？这种接近具有情感意义。如果这不是一个手势，而是一次触摸——有多硬或多软，以及触摸发生在哪里，也将具有意义。还要考虑这个手势是为了吸引对方的注意力，迫使对方将注意力转向话语中所表达的观点，或者转向共同关注情境中的某件事情。

这次冲突并不是单方面的：Diana 正单脚站立，试图跳过跳房子的方格，试图忽略 Carla 和对她犯规的指责。有一刻，当一个女孩把目光转向别处，大家的注意方向都被改变了。因此，意义的实现涉及双向互动，并不是由一个人控制的。这种互动和对话也不局限于发声和手势，它还涉及物理环境，以及瞥向讨论中的方格的眼神等。认知是分布式的，涉及物质的参与。因此，在另一个时刻，Carla 跺脚的动作触及了三个符号点：①Diana看向的地点；②问题涉及的方块；③Carla 话语中反复提到的对象。

Goodwin 因此表明，意义出现在社会、文化、物质和环境的连续结构的交叉点上，不仅通过话语实现，也是通过利用环境和全身语用学中不同种类的符号资源实现的。在某些方面，这些都是不同种类的可供性，使互动成为可能。根据生成主义－互动方法，社会理解正是建立在这种主次主体间能力的复杂结合之上，这种结合置于语用和社会背景下，辅助并支持交际过程。

社会环境的另一个重要方面是与他人互动对感知和学习的影响。在发展过程中，我们通过一个可能涉及"自然教学法"的过程去了解周围世界中什么是重要的或意义重大的。在这个过程中，照顾者与孩子的关系会影响孩子学习的内容。自然教学法包括明确地将婴儿的注意力引导到某个物体或事件上：

> 能够快速和有效地对认知上不明确的文化知识进行社会学习，这些知识仅依靠单纯的观察学习机制很难获得……人类婴儿准备接受自然教学法是通过以下三种途径实现的：①对明示语境的敏感，表明他们正在成为交互的参与者；②发展明示语境中的指称期望；③形成偏误解释明示－指称交互，传达相关的和可概括的信息。（Csibra & Gergely，2009：148）

更普遍地说，我们通过与他人的互动，或者仅仅是对他们在环境中对物体所做事情的感知，了解什么物体是重要的和有价值的。我们学会了沿着这些重要性和价值的线索来看待世界，而常常那些超出这些线索之外的物体甚至都不会被记录下来。正如专家培训磨炼知觉系统，使专家能够感知非专家所不能感知的东西一样，我们都有意愿成为日常生活事务方面的专家。我们是通过与他人的互动成为日常生活中的专家的。

事实上，这种主体间的感知教育贯穿于人的一生。这种影响甚至在我们没有与他人明确互动的情况下也会显现出来，尽管其他人也在场。与那些没有受到他人太多关注的对象相比，成年受试者在面部朝向（或偏离）一个对象时，对该对象的评价是更可爱（或更不可爱）。如果一个人在脸上添加了一个情绪表情，那么他会得到更强烈的评价效果（Bayliss et al., 2006，2007）。此外，看到另一个人轻松地（或不轻松地）面对一个物体会影响观察者对该物体的感觉（Hayes et al., 2008；参考 Firestone 和 Scholl, 2015 对其中一些问题持异议的讨论）。社会西蒙效应（Sebanz, Knoblich, & Prinz, 2003）也表明，当我们身处其他人正在做相关任务或类似行动的社会情境中时，我们的知觉－行动系统也会受到影响。

社会互动、社会角色和群体类型也会影响一个人对世界的知觉和行动。要修正 Proffitt 的情境，想象一下你已经筋疲力尽，但是这个斜坡是你和朋友一起攀登的，或者你正要去见你所爱的人（参见 Schnall et al., 2008）。或者再想象一下在别人认为你不能胜任任务的情况下的情感，这会对你的个人形象产生负面影响。在某些社会环境中，一个人可能会发现一个特定的对象或环境比一个人在不同的群体中或单独面对时更有趣，更能吸引注意力。

8.3　具身与生成的大脑

根据 Goldman（2012，2014）和其他人（第 2.1 节）所追求的具身认知的"弱版本"，人们可能会反对所有这些情感和主体间效应最终都在大脑中处理，即使认知中最活跃的方面会在大脑处理过程中兑现。此外，人们可能会继续坚持认为，当我们观察大脑如何工作时，我们需要像表征和推理这样的概念来解释它，而这些都与生成主义的观点背道而驰。毕竟，即使一个人接受对镜像系统的生成主义解释，它们的激活也只不过是 B－模式的表征。在弱具身观点中，关于感知、情感和主体间性的主张仍然完全符合正统的内在主义者的观点。

然而，关于大脑如何工作的问题并不能简单地交由神经科学家来解决。大多数神经科学家都是 Helmholtz 主义者，他们赞同这样一种观点，即感知的神经过程是推理和表征性的。如我们所见，贝叶斯预测编码方法将感知和物体识别视为推理过程（Friston，2012，248；同见 Clark，2013a）。然而，对于 Helmholtz 主义者认为知觉涉及亚个体推理的观点，仍然存在重大反对意见（参见 Bennet & Hacker，2003；Hatfield，2002；Hutto & Myin，2013；Orlandi，2012，2014）。即使预测编码方法对于大脑动力学是如何组织的是正确的——以一种基于经验先验的涉及突触抑制的分层方式——我们也不清楚为什么我们应该把它看作一种推理而不是一种动态调整过程。在这种过程中，大脑作为更大的有机体的一部分并与之一起适应与环境的适当协调——一种物理的但也是社会和文化的环境。正如 Goodwin 所说，在社会互动的背景下，并不是所有的活动都只发生在大脑中。这不是预测编码或预测处理，而是预测性地参与（Gallagher & Allen，2016）。

生成系统的概念需要以不同的方式构思大脑。从进化的角度看，大脑做它该做的事，成为它现在的样子，跨越一定的变化范围，因为它是生物体的一部分，后者有可以伸展的手臂，可以以有限的方式抓取，有可以集中注意的眼睛，等等。感觉运动系统之所以如此，是因为人体是一种有机体。有机体有自主神经系统和周围神经系统，而不仅仅是一个中枢系统。它获得了一个直立的姿势，从进化的角度讲，这重塑了基本的特征，包括大脑（见第 9.2 节），使人能够应对特定的环境，并与其他人相处。身体、环境或主体间条件的任何改变都会引起整个有机体的反应。根据这一观点，正如我们所看到的，与其说成是在表征或计算信息，大脑可更恰当地被构想为在参与行动，使整个系统能够适应不断变化的环境。

生成主义者的解释不仅仅是对神经外事件的重新解释，在主体间的行动世界中，我们预期并回应社会线索。例如，对镜像系统的生成主义解释超越了信息处理的正统解释，指出了不仅可以重新思考知觉或主体间性的神经相关物，而且可以重新思考神经相关物的概念，以及大脑本身是如何工作的。除此以外，它还提出了一种构想大脑功能的不同方式，特别是在非表征性、整合性和动态性方面（Gallagher et al., 2013）。

关于大脑如何工作的生成主义观点认为，大脑参与了现实的互动，因此它们承受的认知负荷比内在主义者和预测编码模型所假设的要少。大脑参与复杂的现实的交互，以可供性为导向塑造知觉和意向，并指导行动。在这方面，大脑并不是通过内在表征或计算关于"外在"的推理预测来重建世界——它是一个系统的一部分，这个系统参与了一个动态过程，而它并没有完全控制这个过程。大脑过程不是以表征和推理的方式进行交互，而是动态格式塔（Merleau-Ponty 的"形式"或"结构"概念）的一部分，最好用动力学概念如协同、协调和结构稳定性，生态概念如可供性和元可塑性概念（Malafouris, 2013）来解释。

我们自然倾向于认为，大脑功能的最佳解释来自神经科学研究。事实上，自 20 世纪 90 年代以来，人们一直认为神经科学将在某个时间点取代心理学，并且我们将相应地调整我们的认知哲学（Gazzaniga, 1998）。我想说的是，对大脑功能的最佳解释可以在格式塔心理学、生态心理学、动力系统理论、主体间互动、具身与情境认知的词汇中找到，也可以在关于文化生态位概念与物质性参与的讨论中找到人类学的见解。问题是神经科学能否开始使用这种不同的语言，并进入相应的对话程序。

当具身主体与世界或其他人互动时，这种互动不会产生供大脑处理的感官输入，它所产生的是基本尺度上整个有机体的反应。通常所说的感觉输入涉及神经激活，这种激活形成了一个广泛的激活网络，这个网络已经是情感的、运动的和自主的。在这里，我来回顾一下前几章综述过的一些实证数据事实：例如，V1 的早期活动预期奖励（Shuler & Bear，2006）。"从视觉刺激开始的那一刻起"，全身的肌肉和荷尔蒙的变化就产生与先前的经验相关的感受，与视觉刺激动态结合，并有助于指导正在进行中的和随后的反应（Barrett & Bar，2009：1325）。面部识别不仅仅是识别，还激活了情感区域和背侧视觉通路，这表明它也与社会可供性和正在进行的互动的可能性相协调，与内稳态相关的复杂过程以非表征方式影响认知过程。

就情感而言，如果身体中的荷尔蒙变化和大脑中的神经递质水平在塑造认知、注意力和经验方面发挥了任何作用，正如证据表明的那样，似乎就很难从推理的角度来模拟这种化学调节。相反，在生成主义者看来，感知（以及行为和认知）的解释单元不是大脑，在社会认知的情况下，甚至不是两个（或更多）大脑，而是有机体与环境或有机体之间的动态关系，其中包括大脑，但也包括它们自身结构体现的特征，使特定的知觉 - 行动循环涉及社会和物理环境，反过来影响塑造神经系统结构和功能的统计学规律。

问题是，大脑作为有机体与环境动态协调的一部分，在复杂的交互组合中做了什么？这种交互组合包括移动、手势和与他人的表现（包括他们的眼睛、脸、手和声音在内的身体因素）互动，包括具有性别和种族特征的身体，以及为吸引或工作或玩耍而着装的身体，也包括人工制品、工具和技术。所有这些均位于不同的物理环境中，并由不同的社会角色和制度实践来定义。

答案是，大脑与眼睛、脸、手和声音等一起参与了一个系统。如果缺少眼睛、脸、手、声音等因素，大脑的工作方式就会不同。这是一个完全具身化的系统，生成性地预测并对环境做出响应。主体的反应和感知在很大程度上取决于大脑的整体动态状态，但也取决于环境因素、具身的情感和主体间因素、与主体互动的人、主体的现实和有意识的环境、主体形成的身体技能和习惯、主体的身体状况、个人经历，以及其他人可能期望从公共和机构惯例中获得的规范标准（Gallagher et al., 2013）。改变其中任何一项，我们都可以预期神经处理的变化，不是因为大脑表征了这样的变化，而是因为大脑是更大的具身系统的一部分，它正在应对不断变化的环境。

在本章中，我认为仅仅根据感觉－运动权变来建立一个感知和认知的生成主义方法模型是不够的，即使它们确实发挥了重要作用。我给出的重要证据表明：具身化的情感和主体间性是感知和认知过程的重要作用因素。这种更全面的具身环境意识促使我们重新思考神经过程在大脑中所起的作用。即使是根据预测编码理论来构建大脑功能的神经科学，也需要认识到大脑是一个系统的一部分，该系统以调谐并响应其环境的方式，能够生成一种相对于这种具身化特殊性的意义。**谁会否认这一**

点呢？人们经常会听到对生成主义者主张的这种回应。很少有人会否认身体和环境在认知过程中扮演着某种角色。这很好，但是这也意味着这些因素必须以正确的方式来参与解释，一旦他们这样做了，他们就会朝着重新思考心智和大脑本质的方向又迈进一步。

第9章 直立姿势：水流中的站立

Enactivist
Interventions

认知的具身化方法，包括延展认知和生成主义方法，不仅强调知觉和认知的身体方面，而且强调围绕主体并定义特定文化生态位的环境、人工制品、工具和技术的重要性（Sterelny，2007，2010）。依据这些观点，知觉和行动，以及更高层次的认知任务，都涉及跨越大脑、身体和环境的资源整合。这些观点得到了进化论的强烈支持。1949 年，Erwin Straus 发表了一篇题为"直立姿势"（The upright posture）的文章（Straus，1966）。这是一篇依现象人类学传统写成的文章，并以推测和实证研究为依据。最近关于直立姿势的生物学和进化理论也继续受到推测和实证研究的影响。在本章中，通过参考最近的文献，我更新了 Straus 的叙述，更加强调环境，也更加考虑社会和文化因素。我还通过引入可供性空间的概念将其与人手在理性目标达成中所起的重要作用联系起来，从而深化了他的分析。这些主题非常适合生成主义的认知描述。

9.1　直立姿势的起源：近代生物学与进化理论

如果一个人密切关注人体的解剖结构，就会发现直立的姿势似乎没有任何优势，并且会引发各种问题。例如，与四足动物相比，它会减慢运动速度（Lovejoy，1981）——四足动物比两足动物更快。它会产生平衡问题并增加跌倒的可能性（Skoyles，2006），四足灵长类动物保持直立姿势会消耗能量（Nakatsukasa et al., 2004）。对于那些已经达到并试图维持直立姿势的人类来说，它会增加关节压力，导致背痛等（Niemitz，2010）。所有这一切使 Deloison 提出以下观点："无论人们怎么想，直立的姿势并没有提供足够的优势让它根据自然选择的经典标准存在下去。"（2004；引自 Niemitz，2010，243）

然而，由于类人猿获得并保持直立姿势，因此肯定存在足够的优势。这对关于直立姿势是如何产生的进化理论提出了挑战。尽管事实上有多种理论，在过去的一个世纪中发展了 30 种假设（Niemitz，2010），但到目前为止，争论仍未解决。通常，最有连续性的理论超越了身体的解剖结构，并考虑了会激发这种姿势变化的特定环境。

例如，现在已无人相信的"大草原假说"提出，我们开始直立行走是为了获得更好的视野，为了在开阔、干燥的地形上觅食或狩猎。相比之下，"森林假说"强调食物的获取，在下肢的支撑下，能站起来伸手去拿高处的食物会产生优势（Wrangham，1980；Hunt，1994）。最近的提议之一——海岸线（湿地）假说提出，当在水中觅食时，灵长类动物不仅要被迫站起来，还必须学会走路（Niemitz，2010）。

如前所述，"大草原假说"已无人相信，因为有证据证明人类的类人猿祖先在大草原时期之前已经是双足动物了（Pickford et al.，2002）。当前大多数理论都采纳了"森林假说"（如 Parravicini & Pievani，2016）。支持"海岸线假说"的 Niemitz（2010）回顾了直立姿势假设的总共 12 个益处：例如，改善了发现捕食者的视觉视角，解放了双手，发展了投掷能力，改善了怀抱婴儿的姿势，方便获取食物，方便携带食物，增强竞争性展示，适配在树上运动时的伸展姿势，可改善体温调节。最后一项与"大草原假说"密切相关，即直立姿势有助于减少暴露于赤道太阳辐射之下，从而控制体温。然而，考虑到在干燥开阔的土地上夜晚非常寒冷，而且赤道地区夜晚的持续时间与白昼一样长，人们不得不怀疑白天保持凉爽的假定优势是否与尝试晚上保持温暖的劣势相平衡（Vaneechoutte，2014）——尽管人们也可能认为这是晚上躺下睡觉的动力。

Niemitz 支持"海岸线假说"，扩展了 Morgan（1990）的水生猿理论。Niemitz 假设直立姿势源于水流中的站立。在水中，顺流或逆流站立可防止溺水。而且，涉水需要双足行走。

在大多数情况下，猴子或猿一旦冒险进入浅水区就会采取直
立的双足姿势……与上面讨论的所有其他假设相反，这里提
出直立行动是灵长类动物涉水时唯一的行动模式，不是仅仅
被刺激得站起来或迈出一两步。在水中觅食时，猴子或猿类
不仅要站起来，还要走路。(Niemitz，2010，253)

这种观点与其他几个因素保持一致：改进的视觉效果（更大
的角度改善了发现浅水中物体的视野），解放的双手，怀抱婴儿的
姿势和食物携带量得到改善，而且体温调节问题也得到了重新
解释。

人类（与其他非直立的灵长类动物相比）面部、颈部和肩部
以及腹侧和背侧上部的皮肤用于热交换，而下腹部、臀部、
髋部和整个下肢具有良好隔热效果。除了涉水所需的体温调
节，没有其他理由适合解释。(Niemitz，2010，258)

这个非常简短的概述只是正在进行的理论讨论的框架，但我
认为已经做了足够的展示，我们可以从中学到一些东西。首先，
如果只看解剖学（或身体本身的形态学方面）不足以揭示直立姿
势带来的优势。我们需要审视环境，并从有机体－环境耦合的角
度进行思考。其次，可能有不止一个原因或动机可以验证为保持
直立姿势而进行的抗争。每个假设往往只提供一个单一的或主要
原因，说明直立姿势或运动可能具有积极的选择性偏好。但是，

直立姿势和运动一开始的生态和行为环境当然要复杂得多，而且"不太可能只有一个选择双足行走的特定原因"（Niemitz，2010，250，引自 Harcourt-Smith，2007）。

9.2　直立姿势对人类认知的贡献

Erwin Straus 在他 1949 年关于直立姿势的文章中，延续了 Darwin（1874）和 Huxley（1894）关于人类直立姿势所取得的成就造成影响的说法，认为直立姿势代表人类是动物王国中的佼佼者，与文化和文明的发展密切相关。根据 Darwin（1874）的说法，人类"站稳脚跟"允许手和臂自由使用和制造工具，导致大脑容量增加等。Straus 明确宣称他对"人是什么"感兴趣，而不对"他应该如何成为他的样子"感兴趣（1966，169）。也就是说，他对获得直立姿势的原因或动机不那么感兴趣，而是对直立姿势对人类生存的作用颇感兴趣。他指出，直立姿势对人类来说是独一无二的，对感知能力（视觉、嗅觉）以及道德价值观和判断力都有深远的影响。"正直"一词具有道德内涵，正如 Straus 所说，这可能不仅仅是一种隐喻。

他更普遍的主张是："人体的形状和功能几乎在每个细节上都由直立姿势决定。"（Straus，1966，167）考虑以下因素：

1. 人体解剖学和骨骼结构。这包括人体足部、踝部、膝部、髋部和脊柱的形状和结构，以及四肢的比例，需要特定的肌肉组织和神经系统设计。这种变化使直立姿势成为可能，但也受到获得直立姿势的影响。所有这些反过来又允许人类肩、臂、手、头骨和面部的特殊发展。

2. 随着这些变化，世界被重新定义，因为这些变化带来了我们可以看到和可以掌握的变化。

3. 在人类发育过程中，婴儿需要克服重力来学会站立和行走。这对婴儿如何依赖他人并与他人交往产生了影响。

4. 此外，保持直立姿势取决于基本的意识水平，即觉醒。睡着了，你就会跌倒。不仅是直立姿势，而且运动本身，包括早期的爬行行为，都会影响感知和认知的发展（参见 Campos，Bertenthal & Kermoian，1992）。站立和行走所带来的姿势变化同样会影响我们能看到的东西和我们能注意到的东西。

5. 感知：伴随着直立姿势和与地面距离的增加，嗅觉的重要性下降，看到（距离感）成为主要的。远景赋予远见并允许我们进行规划。嗅觉机制萎缩并且不再支配面部结构，这促成了大脑容量的变化、下颌结构的发育等，面部结构的转变与大脑结构和神经系统的扩张与重塑相协调。

6. 动作空间：双手被解放并能更熟练地抓、抛、接。直立姿势使我们与事物保持一定的距离，也使我们以特定方式接近和远离同类。

7. 语言：除了进食，嘴巴也被解放出来。直立姿势改变了下颌的结构（以及饮食的可能性）——减少了对大量肌肉组织和骨骼基本条件的需求。这允许发展更精细的发声肌肉，伴随着语言和更大、更发达的大脑皮层而来的是使我们成为人类的理性。

一方面，从具身认知科学的角度看，Straus 展现了一种启蒙式的二元论。我们可以在直立的姿势中看到人和动物的区别，视觉和其他感官之间的区别，腰部以上和以下的区别——大脑和双手的操作在上与性器官和运动在下的区别（参见 Sheets-Johnstone，1990；Ingold，2004）。

另一方面，Straus 的观点似乎比最近强调的完全基于大脑的 B - 模式表征（2.1 节中讨论的弱具身的"净化"版本）更具身化。关于神经复用或扩展适应的进化观点很重要，但并不完整——至少在某种程度上，它们没有对身体过程进行必要的参考，只是关注"神经生态位"（Anderson，2010，257；Iriki & Sakura，2008），而没有关注环境因素和文化生态位（Sterelny，2007，2010）。但 Straus 的故事也不完整。他的关注点更多的是身体本身，几乎没怎么提到环境因素。如果我们严格关注这些变化，正如 François Jacob 所说，大脑的变化也可以说就是身体的变化，即"虽然我们的大脑表征了我们这个物种的主要适应性特征，但它适应的是什么还不清楚"（1977；引自 Fitch，2012，613）。事实上，如果我们继续坚持 Straus 带有具身化但并未完全深入的描述，我们就没有关于系统发育优势如何超越解剖学问题的解读，而且大脑和身体适应了什么仍然有些神秘。也就是说，如果大脑和身体适应了，一个完整的观点取决于了解它们适应什么——我们需要一个大脑 – 身体 – 环境的解读。

9.3　Straus 具身解读的拓展

让我们从话语开始谈起。对 Straus 来说，因为直立姿势和颅骨构造变化的假设，所以人类喉部下降纯粹是出于机械原因——这是随后服务于语音的副产品。Tecumseh Fitch（2012）承认了这种可能性，但提出了另一种可能性："下降的喉部为适应发展了发声功能，后来扩展为语音，随后的进化已将其转变为真正的适应性的口语。"（626）然而，Fitch（2012）对此推测持谨慎态度，因其留下了很多有待解决的语言问题。

———————

……尽管在理解语音的机械基础方面取得了重大进展，但这个历史适应性问题将仍然具有挑战性……对于人类喉部下降或声音模仿在语音适应性方面的价值，还没有令人信服的断言……目前可用的数据还不能验证。（2012，626）

婴儿喉部的下降是否对元音产生具有适应性，或者青春期成年男性喉部的进一步下降是否是一种适应，现有的证据无法解决这个问题，所以我们只能推测。

Mario Vaneechoutte（2014）提供了一个更完善、更详细（但也更具有推测性）的进化发展生物学叙述。字面上，这是一个包含一些重要挥手动作的歌曲和舞蹈叙述。让我解释一下。毫无疑问，与 Straus 一致，头骨和面部发生了机械变化。但为了解释它们的功能含义，我们还必须考虑与环境方面相关的实际限制（Vaneechoutte，2014）。建立在海岸线假说之上，不仅涉水，而且潜水，游泳的节奏和呼吸的控制可能都是促进语言能力发展的预适应。

上呼吸道（和声带）对游泳和潜水的适应性，提高了声音的灵巧性和歌唱能力（与语言的音乐起源一致），并增强了运动和模仿能力的微调。（Vaneechoutte，2014：1）

这也是歌舞的源头。[○]此外还涉及一些重要的挥手动作。事实上，关于手势在语言进化中的作用一直存在争议。Arbib（2005）论证了模仿和哑剧（手势第一假设）的重要性，McNeill 等人

㊀　"歌曲和舞蹈在本质上有着同样的特征，这种说法支持以下观点，即发达的模仿运动能力，可以在 3 个维度（在空中或水中，但不在树上）自由移动，因为潜水/游泳而得到发展。这种能力进一步发展为跳舞/唱歌，是口语/手势语言发展的基础。"（Vaneechoutte，2014：28）

（2008；同见 Deacon，1997）认为手势随着话语的发展而演变。无论哪种情况，大脑都会随着身体进化——正如 Straus 和 Vaneechoutte 强调面部下颌结构、喉部和手部的变化会明显影响大脑结构和功能的进化。

Holekamp、Swanson 和 Van Meter（2013）证实了与面部和手相关的大脑可塑性和行为可塑性之间的关联，比 Straus 更强调社会关系的作用。例如，爪子的形状和功能（与手相反）允许快速运动，但限制了社交互动。对于有爪子而不是手的物种：

与灵长类动物相比，它们与环境的触觉互动的丰富程度非常有限，这反过来又限制了它们社会互动的复杂性和更广泛的智力表征……手允许许多新颖的社会互动形式，其中最重要的是许多灵长类动物典型的精心设计的手工梳理行为。（Holekamp，Swanson，& Van Meter，2013，4）

关于头骨和大脑的进化变化，头骨作为"大脑的保护外壳……和进食装置的平台"的双重功能，导致了一种与肢体结构变化相关的权衡，而且，重要的是环境提供了什么（Holekamp，Swanson，& Van Meter，2013，5）。爪子、速度、在特定环境中捕猎、更大的下颌、更小的大脑——所有这些都与手、缓慢、在海岸线环境中觅食、更小的下颌、更大的大脑形成对比。

这些最近的进化发展生物学思想强化了 Straus 的分析需要应用的经验。也就是说，我们需要补充（或强调）物理变化的原因可能不止一个，而这些原因可能不会被简化成仅仅是机械或生物性原因，进化变化与特定物理和社会环境相关的实践共同起作用。"当动物与环境互动时，选择就会起作用，因此肢体结构允许的互动范围越广，延展的表征的可变性就越大……因此动物行为灵活性的可进化程度就越大。"（Holekamp，Swanson & Van Meter，2013，5；引自 Dawkins，1982）

最后，让我们看一下对此观点的两点申诉意见。第一点我们可以称为 Tim Ingold（2004）提出的"头高脚低"申诉。他承认进化解释了直立姿势和随之而来的一系列解剖学变化，如大脑大小、重塑的手等，以及随着伸手、抓握和语言等提高理性的主张。但是，对 Ingold 来说，这个观点在解释运动和脚部形态方面并不适用。达尔文所说的脚的原始抓握功能的丧失，以及大脑和手的理性等式，并不完全是一个进化故事。前一部分是一个文化故事。根据 Ingold 的说法，随着鞋子的发明和人工环境的完善，我们用可抓握的脚来换取了更好的运动方式。他引用了 Edward Tylor（1881）的观点，后者比较了黑猩猩和人脚的图像（见图 9 - 1），但是，正如 Tylor 本人指出的那样，如 Ingold 所强调，人的脚是有目的地由靴子塑造而成的。

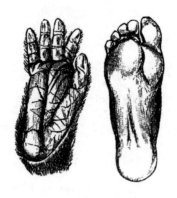

图 9 - 1　黑猩猩的脚与人的脚
（来自 Edward Tylor，1881）

第二点申诉，特别针对 Straus 的说法，是 Iris Young 在她 1980年一篇著名的文章中提出的"像女孩一样投掷"的申诉，即由于"女性化"解剖结构，女孩与男孩的投掷方式不同。Straus 感到困惑，因为这种"惊人的差异"出现在发育的早期（在乳房发育之前），并且没有明显的解剖学原因。他参考了"女性态度"作为可能原因的说法。Young 在她的评论中采纳了 Simone de Beauvoir 的观点：人类的存在是由其情境决定的，包括历史的、文化的和社会的。但 Young 在这方面比 de Beauvoir 研究得更为深入，de Beauvoir 对解剖学和生理学给予了一些强调，而对"女性实际身体运动的定位性以及对周围环境和世界的定位"的强调不够（1980：139）。Young 认为，投掷差异是由特定历史时期的社会，以及由此产生的女性生活方式塑造的。Young 认为这并不具有普遍性。她认为女性可能会以不同的方式投掷，并且在不同的时期和不同的文化中更普遍地以不同的方式移动。然而，在每一种情况下，文化和社会实践都决定了一种典型的特定性别的运动风格

（男孩和女孩，男人和女人）——这种风格"由身体在世界上存在的结构和条件的特定模式组成"（1980，139）。在最广泛意义上，在当代发达工业和城市社会中长大的女性在从事涉及大动作的有意向的身体运动时，不会将她的整个身体定向运动，而是将运动集中在一个身体部位。她的动作不倾向于达到、延伸或按照她的意向方向进行。这种运动风格与空间感知的某种受限特征相协调，进而限制了某些类型的动作可供性。Young 提供了许多田径领域的例子。她认为，这种风格差异的原因不是解剖学的。它与文化习俗、女孩和成年女性被（或曾经）鼓励（或允许）在特定文化中追求的各种机会和活动联系在一起——这些活动通常是久坐不动的和封闭的。这不仅是缺乏练习（在以不同方式发展运动的活动中），而是缺乏特定类型的练习，"帮助塑造女性身体举止和运动的特定积极风格，当女孩开始了解她是个女孩"，那便塑造了她们的行为举止（1980：153）。

这两点申诉（头高脚低和像女孩一样投掷）的重点是，人们需要小心区分哪些变化（大脑、身体、环境因素或其他变化）属于进化而不是发展和文化。与此同时，我们还应该考虑到各种"循环效应"（Hacking，1995），这会使任何试图严格区分进化、发展和文化的尝试遇到麻烦。例如，有人可以争辩说，我们的手和臂是随着直立姿势而进化的，但我们也发明了工具和武器，这导致在战斗中携带此类武器时采用特定的步态。例如，Bremmer（1992）认为西方男性步态的某些方面是以希腊经典步态为模型的，这种步态起源于早期的实践，当时每个人都必须携带武器才能准备好战斗。这支持了 Marcel Mauss（1979）提出的观点："根本没有一种'自然'的步行方式会独立于人类成长和生活的不同环境的规约。"（引自 Ingold，2004，335）

9.4　功能可供性空间与生成的双手

在对进化、发展和文化实践对认知的影响进行分类时，一种可能有用的分析工具是可供性空间的概念。这个概念源自 Gibson 的可供性概念：它定义了依赖身体和环境的行动可能性。可供性空间既可以是物理的，也可以是社会和文化的（参见 Brincker，2014）。

可供性空间是身体或环境的任何变化所提供的（抽象的）可能性范围。个体的现时可供性空间是由进化（她有手的事实）、发展（她的生命阶段——婴儿、成人、老年）以及社会和文化实践（规范约束）定义的。由于进化的差异，人类的可供性空间不同于非人类动物的可供性空间，因为人类拥有适用于特定种类运动的手、能力和多种认知可能性。由于发展因素的差异，儿童的可供性空间与成人的不同。人类在发展变化中学习以特定方式投掷或移动或思考。由于经验、技能水平、规范约束等方面的差异，一个人的可供性空间与另一个人不同。由于他们先前的经验和大脑和身体的可塑性变化，人类也会被限制以特定方式投掷或移动或思考。

关于具身化的细节如何融入可供性空间的最明显的例子，可能是人的手，正如 Jacob Bronowski（1975，116）所说，它是"心智的前沿"。当然，直立姿势可以让上肢自由地从事不同类型的运动。手变成了它们现在的样子，并且能够做它们所做的事情，因为在获得直立姿势后，它们被解放出来做这些事情了。直立的姿势可以做我们原本无法做的事情，手允许我们采取若无手就无法采取的行动方式。

人类认知的生成主义观点，始于我们以行动为导向的想法。我们理解世界的能力来自与世界主动的和实用的接触，以及我们与他人互动的能力。在这方面，Anaxagoras 观察到因为我们有手，所以人类是所有生物中最聪明的。这比 Aristotle 的观点更能反映一种生成主义的立场。[⊖]尽管如此，在 Aristotle 的传统中，手被提升到理性的水平。更普遍地说，在哲学史上，一些重要的哲学家都曾谈论手。Kant（1992）使用手是不一致的对应物这一事实（例如左手不能戴右手手套）证明 Newton 关于空间是绝对的观点是正确的。

㊀　"Anaxagoras 认为拥有手是人类成为最聪明动物的原因。但是，更合理的假设是，拥有双手的天赋是人类高智商的结果，而不是原因。因为手是工具或器官，自然在分配器官时不变的计划是把每一个器官都分配给可以利用它的动物……我们必须得出结论，人类的高智商并不归功于他的手，而是他的双手天赋归功于超群的智慧。因为最聪明的动物会使用最多的器官，手不应被视为一个器官，而应被视为多个器官，因为它可以说是一种进一步使用工具的工具。"（Aristotle，公元前 350：论动物的身体部位，4.10 687a7）

但这不是哲学传统的主流观点。关于理性，人们更关注眼睛而不仅是双手。至少自从 Plato 把理性与视觉联系在一起以来，"理解"就是"看到"，看到所有事物的最高境界就是看到可以看到的东西——eidos——它不是你可以触摸或握在手中的东西。对视觉的关注产生了经院认知主义、唯心主义以及形而上学和认识论的主要见解。此外，要看到一个人的灵魂，你需要看着她的眼睛，手只会告诉你这个人做了什么样的工作。沉思在哲学上也比行动的生活更值得尊敬，而且据称比用手完成的工作具有更高的价值。

视觉经常胜过手并占主导地位的观点得到了科学证据的支持，这方面的例子很多。考虑最近关于橡胶手错觉的发现：你的一只手隐藏在隔板下，无法直接看到；在你面前桌子上有一只橡胶手臂，放置在靠近你通常会放手的位置。实验者开始同时触摸你隐藏的手和橡胶手，你会开始感觉橡胶手是你身体的一部分（你对身体部分的所有权感被调节了）。一方面，触摸的同步对于这种效果很重要；另一方面，真正的力量是视觉。闭上眼睛，幻觉会消失，感觉会转移到你真正的手上（Botvinick & Cohen，1998）。

视觉也胜过本体觉。在体验这种错觉时，你被要求使用桌子上的尺子指示隐藏在隔板下方的手的精确位置，大多数受试者表示他们的手指比实际距离更接近橡胶手的位置。这被称为"本体觉漂移"。然而，有人可能会争辩说，双手本身并没有被愚弄。Kammers 等人（2009）在关于隐藏手位置的感知判断实验中复现了向橡胶手的本体觉漂移，但当要求受试者用另一只（真实的）手指向隐藏手的位置时，没有发现本体觉漂移现象。似乎表明运动系统不会受这种错觉的干扰。然而，在一项后续研究中，Kammers 等人（2010）发现，在抓握动作中，运动系统也容易受到错觉的影响。双手呈抓握姿势体验橡胶手错觉时，而你被要求将隐藏的手伸出一只来抓住一个可见的物体，你的触及范围不完全是由本体觉漂移的程度来计算的。所以手被欺骗了。虽然实验也表明当触摸是异步的，错觉就消失了，但即使只有视觉并且没有同步触摸，也可以产生某些效果。Rohde 等人（2011）表明橡胶手错觉的本体觉漂移与橡胶手的所属感之间存在分离。虽然橡胶手的所属感需要同步触摸，但本体觉漂移不仅发生在同步触摸条件下，还发生在两种控制条件下：异步触摸和单独的视觉。即便你只是盯着橡胶手足够长的时间，也会受到本体觉漂移的影响。

如果手比眼睛快怎么办？虽然视觉的影响非常强大，但有时人们会发现手在主导——以一种"思想"（在 Aristotle 的传统观点中可以找到类似观点）引领着具身认知和实践（不仅是冥想）智慧的方向。

John Russell Napier 在一本名为《手》的书中声明，"手是大脑的镜子，不可能有这样的组合：灵巧的手和笨拙的大脑。"（1980，25）人们可以在实验中证实这一点，至少手似乎比有意识的视觉更聪明，而且手似乎知道主体不知道的事情。因此，如果你被要求伸出手去抓住一个放在你面前的物体，而在你开始伸手后，这个物体会轻微而快速地向右或向左移动，你的臂和手会调整它的轨迹，精确抓握到目标，尽管你不知道目标移动了，也不知道你的手进行了调整（Pélisson et al., 1986）。该运动信号并未在有意识的视觉反应（腹侧流）中记录下来，尽管它确实在无意识的视觉反应（背侧流）中被发现了。这是 Goodale 和 Milner（1992）对大脑中两条视觉通路的著名区分：一条是腹侧通路，服务于识别；另一条是更快的背侧通路，服务于运动控制。手比有意识的视觉快，但没有比无意识的视觉快。当主体伸手去抓某物时，手会自动形成恰到好处的姿势。如果一个主体为了咬一口苹果而伸手去抓苹果，她手部的抓握形状将不同于她伸手去抓香蕉时的形状，也不同于她准备伸手去抓苹果然后扔出去时的形状（Ansuini et al., 2006, 2008；Jeannerod, 1997；Marteniuk et al., 1987；Sartori, Becchio & Castiello, 2011）。这发生在主体没有监控或意识到（或有意识地看到）抓握形状差异的情况下。然而，手不会盲目地这样做，它需要背侧视觉流的合作，以提供有关苹果形状以及它在附近环境中位置的视觉信息。

这方面的证据可以在视觉失认症患者中找到。例如 Milner 和 Goodale 的患者之一 DF，她的双侧颞叶都有病变，这使她无法看到物体的朝向。当她拿着一张磁盘时，她无法说出它是垂直的还是水平的。但是当她拿到磁盘并被要求将其放入插槽（类似于将信投入邮箱）时，她可以毫无问题地将磁盘定位到正确的角度（Milner & Goodale, 1995）。同样，Robertson & Treisman（2010，

308）报告称一名视觉失认症患者无法识别物体。"当患者看到一张单簧管的照片时，他犹豫着给它起名字，暗示那是一支'铅笔'，但与此同时，他的手指开始演奏想象中的单簧管。"关于手势方面，还有很多例证。正如 Andy Clark 所指出的和 Susan Goldin-Meadow 实验所表明的那样，人们可能会无意识地用手势表达一些在有意识的言语中无法表达的东西（Clark，2013b；Goldin-Meadow，1999；Goldin-Meadow et al.，2001；另见 Gallagher，2005a，第 6 章）。

这些例子再次告诉我们一些关于应该如何理解大脑功能的重要信息。以生成主义者的观点看，大脑不是锁定在头脑内部的计算机器，用来表征我们的外部世界，为我们提供知识。相反，在行动中，无论是伸手、抓握、指向或手势，大脑与手合作并形成一个功能单元，该单元与主体的环境适当地互动，并利用与所有这些元素相关的可供性空间。例如，可以通过实验证明，在基本动作（如伸手和抓握）中，与被动感知（如估计皮肤上两点之间的距离）相比，以手腕为界的手和臂之间的感觉差异减少了（Vignemont et al.，2009）。也就是说，在行动中，手并没有被体验为有别于臂的身体部位，而是与臂是连续的，臂与肩膀也是一样。在行动中，身体图式以整体方式发挥作用（与身体图示的感知和表达方面形成对比）（Gallagher，2005a）。同样，说大脑是这种整体功能的一部分似乎是正确的。从大脑到手，不是自上而下的运动调节；从手到脑也不是自下而上的理性涌现。相反，神经过程与手部运动协调并可以被手部运动带动，形成一个单一的综合认知系统（Iverson & Thelen，1999）。这意味着前馈－反馈过程的相互统一，其中手和大脑形成了一个参与世界的动态系统。

也许还不止于此！Horst Bredekamp（2007）在他对 Galileo 的艺术史研究中评论说，Galileo 绘制的木星图比他通过望远镜看到的图像更准确。在某种意义上，就其本身的运动意义而言，他绘画的手比他的眼睛更聪明。Bredekamp 认为这是一种"手思考"（manuelles Denken）。然而，我们应该再次将其视为涉及眼睛、大脑和手的整体思维。可能是 Galileo 在从视觉刺激中获得的内容与他关于平滑和连续性的某些假设之间插入了细节。但这不能解释他的准确性，今天我们可以通过更复杂的望远镜来验证。也可能是 Galileo 通过望远镜的轻微移动获得了更多信息，因为在某些情况下，通过运动图像的感知可以辨别更多细节？细节可能不会出现在望远镜的单个视图中，但可能会出现在多个视图中。Galileo 的朋友艺术家 Cigoli 提出了更接近生成主义的叙述，即视觉感知和练习绘画所带来的运动能力之间的相互作用。

对 Cigoli 来说，Galileo 可以看得更清楚，因为他通过艺术训练做了更好的准备，并且知道如何绘画。在手和眼之间发生的自学过程中，Galileo 能够更好地获得知识，这既是因为他学会了感知不寻常的事物，也因为他可以通过绘画展示它。（Bredekamp，2001，180）

当然，练习绘画会导致大脑发生可塑性变化，似乎这些可塑性效应伴随着一个人用手形成的任何习惯。Merzenich 等人的著名实验（1983）证明了这一点。实验者将猴子的部分手指绑起来，让它们在手的习惯性动作中只能使用选定的手指。这种习惯性运动改变了大脑手部功能图的细节，手的使用模式从物理上塑造了大脑中记录和控制猴子以及人类手部运动的感觉和运动部分（见 Rossini et al., 1994）。当我们训练我们的手弹钢琴或其他乐器时，这种大脑重组也会发生（Pascual-Leone et al., 1995）。由于大脑中的一般规则是高层的多模态连接，因此我们也很容易会认为与手相关的多个（运动和感觉）功能图的这种可塑性变化会影响触觉和本体觉，也会调节视觉模式。

9.5　可操作领域

双手把我们引向事物。正如 Handy 等人（2003）表明的一样，可抓握的物体吸引了我们的注意力。当我们看到不同的手部姿势时，它们会自动将我们的注意力引向一致的目标对象（Fischer，Prinz，& Lotz，2008）。例如，手的位置对视觉注意力有影响，位于手附近的物体会得到更多的视觉注意。在一项对几个经典视觉注意任务（视觉搜索、抑制返回和注意眨眼）的研究中——参与者的手要么靠近刺激展示物，要么远离展示物。手的位置改变了视觉处理，因此当受试者的手靠近展示物时，他们的注意力在物体之间转移的速度更慢（Abrams et al., 2008）。这表明手有助于开展对潜在操作对象的评估。

　　Cagli 等人总结了"主动视觉"的基本原理，即视觉服务于运动控制："眼的运动取决于手头的任务，如果任务是感觉运动类的，那么也就有理由预期对身体运动的依赖。"（2007：1016）实际上，手有助于在身体周围定义一个对运动、行动、注意力和完成任务具有重要意义的实用区域或可供性空间。George Herbert Mead 将身体周围这个可到达的人际空间称为"可操作区域"，并提出感知中存在的不是感知的副本，而是看见物体的"抓握准备"（1938，103）。"对可操作区域之外的物体的感知总是与有机体对它们采取行动的准备程度相关，就像它们进入可操作区域时一样……我们在处理物体时看到物体……我们只是'意识到'自身在感性世界中——在操作中，这表示直接或间接的确认。"（104 – 5）在这种对感知的生成主义解释中，部分由手定义的可操作区域和我们的触及范围决定了我们如何感知［但正如 Young 指出的，这也部分由文化实践定义（见第 9.3 节）］。感知意识出现在特定的环境中，由位于一个人的可操作区域内外的对象的行动可能性定义。

　　与世界的实际接触是首要的，并为更明确的认知把握做好准备。Heidegger（1962）以（除其他外）提出这一点而闻名。主要和大部分情况下，事物都是"上手"的（Zuhanden）。也就是说，它们是我们拿起来就用的东西，或者就是我们实际任务的一部分。在这方面，世界向我们展示了特定的可供性（Gibson，1977）。只有当可供性被阻止，或者工具坏了，或者有什么东西扰乱了我们的行动时，我们才会转变方向并开始以更理论化的方式考虑事情。然后，正如 Heidegger 所说，事物变成了"在手"的（Vorhanden）。根据这个观点，与其说我们从周围世界中开辟了一个可供性空间，不如说我们发现自己处于一个世界和一个已经建立的（前个人的）可供性空间中，该空间通过身体和世界之间的动态关系开启。

第一个可供性空间可能是嘴开启的。人类一生中出现最早的协同运动之一，是胎儿期从手到嘴的运动（deVries，Visser & Prechtl，1984；Nillsson & Hamberger，1990）。同样的协同运动也出现在婴儿早期，表现为张开的嘴期待手的到来。在这里，手，尤其是拇指找到了与味觉联系的地方（Butterworth & Hopkins，1988；Lew & Butterworth，1997；Rochat，1993；Rochat & Senders，1991）。如果你让婴儿抓住你的手指，它也很可能最终落入婴儿的嘴里，就像你放入婴儿手中的许多其他东西一样。众所周知，婴儿通过嘴探索世界，但通常手也参与其中。随着孩子学会自己伸手去抓握，手的精细运动技能得到提高，操作变得更具触觉性，婴儿的探索技能变得更加精细（Needham，Barrett & Peterman，2002；Rochat，1989），而后手口协同让位于手眼协同。

工具和技术使我们能够扩展可供性空间（例如 Farnè，Iriki，& Làdavas，2005；Iriki，Tanaka，& Iwamura，1996；Witt，Proffitt，& Epstein，2005），这反映在我们使用指示语方面（"这个""那

个"）（Coventry et al., 2008）。通常，"这个"表示任何可以接触到的东西。"那个"表示个人空间以外的东西。我们可以掌握"这一点"，或者至少可以触摸到它；我们只能指向那一点，尽管我们也可以（以不同的方式）指向这一点。Goldstein（1971）区分了这两种手动能力：抓握（这是"具体的"）和指向（这是"抽象的"/范畴化的）。然而，这些区别并不严格，它们仍然有些模糊，因此即使是正常的抓握能力有时也可能需要范畴化的态度（Goldstein，1971，279 - 80）。

尽管正常人的行动普遍是具体的，但这种具体性只有在抽象态度中嵌入并与抽象态度共同决定，才能被认为是正常的。例如，在正常人中，两种态度总是以明确的图形 - 背景关系呈现。（Goldstein & Scheerer，1964：8）

请注意，这不是一个层次上升的问题——我们不会通过将具体态度转变为抽象态度"上升"到更高层次的思维，而是在不离开手的情况下在图形与背景的关系中转换视角（更多有关此问题的内容，请参见第10.1节）。

尽管抓握和指向间的区别含糊不清，但一些现象学家认为，具体行为（如抓握）是更为基本的（有证据表明它可以在指向能力已经失去的某些病例中留存下来），并且它表明我们正常的运动意向是非表征性的、非概念性的形式（如 Kelly，2000，2004）。在病理条件下，这两种能力可能会分开。例如在非常复杂的

Schneider 案例中，患者脑损伤后被诊断出患有视觉失认症和一种失用症（Goldstein & Gelb，1920；Merleau-Ponty，2012）。Schneider 可以在具体场景下找到自己的鼻子，例如，当他想挠一下的时候；但他不能在接受指令或在抽象的情况下指向自己的鼻子。然而，这里有几个重要的限定条件。Schneider 脑损伤的程度尚不清楚，而且如 Tony Marcel（2003）指出的那样，我们需要仔细区分在病理案例中更清楚地表现出来的正常功能和在病理中作为补偿出现的功能。Kelly 认为 Schneider 拥有完整的、正常的具身能力的假设可能没有根据。此外，应该弄清楚哪种指向能力受损了，因为有多种形式的非交流性的指向能力（例如，在实验情况下触摸 X）与交流性的指向能力。此外，人们可以区分命令式指向（指向自己想要的东西）和声明式指向（用于引起他人对某事的注意）。此外，在不同的病理学中，当具体的抓握和非交流性指向能力受损时，交流性指向和手势可能完好无损（见 Cole，Gallagher & McNeill，2002）。

同样，在涉及视觉引导的身体动作受损的视觉共济失调病例中，虽然患者的运动能力未受损，他们也无法抓住视觉对象，但他们感知和识别形状、方向和大小的能力是完整的（Jeannerod，Decety & Michel，1994）。这并不意味着伸手和抓握在某种程度上是比几何识别"更高"的功能，也不意味着对于 Milner 和 Goodale 的视觉失认症患者来说，抓握比视觉识别更"基本"。这仅仅意味着它们是取决于系统不同组件的不同功能，如背侧和腹侧视觉通路。

手部动作（抓握、各种方式的指向、打手势）塑造了我们的认知过程。关于手在语言中的作用，已经有一些反思，但同时有观点表明手部动作也会干扰语言判断。在 Glenberg 和 Kaschak（2002）的一项研究中，当手部运动方向（反向或朝向身体）与句子所包含的运动相匹配时，受试者在判断句子是否有意义时比不匹配的情况反应更快，无论对句子的抽象意义还是具体意义都是如此（另见 Chen & Bargh，1999）。许多启动研究，例如，当启动刺激是一张手的图片，都显示出对感知和认知的特定影响（见Setti，Borghi & Tessari，2009）。

9.6　其他应对功能

手的指向和抓握能力不仅取决于大脑，也不仅取决于运动功能，还取决于情境，可能是抽象的、工具化的或社会和交流的。Gallagher 和 Marcel（1999）区分了三种情境：

- 非情境化（例如相对抽象的实验情境）；
- 工具情境化（例如实际或具体情境）；
- 社会情境化。

例如，考虑一位在诊所或测试室中无法将一小块木头举到脸颊前方的失用症患者（这是一个相对无意义和抽象的动作）。然而，在她的家中，当她招待客人时（一种社会情境化的情境），她能够以接近流畅的方式做出类似的动作（喝茶），而在她清理盘子时（一种工具情境化的情境情况），动作就不够流畅。她的手在这些不同的情境下表现不同，因为这些不同的情境定义了不同类型的可供性空间。

社会力量也塑造了我们对双手的使用。命令式指向不仅是一种社会信号，它的发展也取决于他人。

一个孩子可能会试图抓住一个够不到的物体，然后把手悬在空中。这时，母亲过来帮忙并解释这个手势。一个运动动作变成了一个手势，母亲对孩子的尝试做出反应，并赋予抓握动作特定的含义。（Sparaci，2008，210）

相应地，正如 Vygotsky（1986）所主张的，当孩子了解到这个姿势会激发他人的特定反应时，失败的抓握会转化为交流性的指向——如果没有其他人在场解释，这种情况是不会发生的。

他人的在场也会调节一个人的可供性空间的范围，并且，与上面提到的工具和技术的效果相似，这反映在指示词的使用上。无论它离我有多近，桌子上的任何特定物体是否被称为"这个"或"那个"，取决于是我还是其他人把它放在那里（Coventry et al.，2008）。

Merleau-Ponty 指出与手接触相关的某种可逆性。我们可以通过思考触摸某个物体时会发生什么来理解这个想法。我们不仅能感觉到物体的表面和形状，还能感觉到自己手指的表面和形状。触觉感知是生态的，因为它告诉了我们一些关于我们自己的身体和物体的事情。Merleau-Ponty 借用了 Husserl 的一个例子，他考虑了我的一只手接触我的另一只手时，被触摸的手很容易变成触摸手时出现的模糊性现象。Merleau-Ponty 在用一只手接触物体时尝试了这个实验。

> 我们简要地谈到了触摸和被触摸的可逆性……现在是该强调它是一种总是即将发生，实际上从未实现的可逆性的时候了。我的左手总是即将要碰我在接触东西的右手，但触碰从来没有发生过，它在实现的那一刻就消失了。以下两种情况之一总是会发生：要么我的右手真的转换到被触摸的位置（即成为一个对象），这样它对世界的把握就被打断了（它便不再是感知主体的一部分）；或者它仍然把握着世界，但我并没有真正接触它——我的右手在接触是事实，我只用左手接触到了它的外壳。（1968，147－8）

这种可逆性成为一个原则，也适用于我们与他人的关系——永远不会达到完全巧合的关系（见 Merleau-Ponty 的 "主体间性" 概念）。不仅在我们的手与手之间，而且在我们与他人的关系中，整合依旧是不完美的——它总是即将发生，但从未完全实现，因为我们要么继续互动，要么停止互动。即使在前一种情况下，他人也会经历和我完全不同的经历，他在这种可逆性中体验我的经历（而我也体验他的经历）。我们具有两个不同的、不可交换的具身观点，我们相互凝视，或者加入对方并注视其他事物，发生生态上的接触和被接触，或者在我们之间创造一个共同的可供性空间。只要这种互动不像 Petkova 和 Ehrsson（2008）进行的吸引人但有些荒谬的实验中发现的巧合那样，它们就有发展的空间，这个实验通过虚拟现实的魔幻手法做到了眼睛比手更快。实验中，受试者戴着虚拟现实护目镜，在眼镜中，他看到了正站在他面前的另一个人头上戴的摄像机生成的实时视频，摄像机对准他（受试者）。实际上，他看到的是自己。当他伸手和对方握手时，感觉就像他在和自己握手一样。在这个实验中，我看到自己在握的手在视觉上是我自己的，但在触觉上（实际上）属于别人。因此，虽然通常我们会同意 Donn Welton（2000，97）的观点，即当"接触我们手的手不是我们自己的而是另一个人的手时，当我们的手被别人的手握住时，可逆的回路就牵扯进了其他人，身体变成了主体间的"，在这些手的触摸中，可逆性中断，它会陷入生态性错乱，无法打开任何形式的共同的可供性空间。

他人的手对于我们了解他人意图的能力也很重要。六个月大的婴儿对观察到的人手抓握动作与人工（机械）爪子的反应不同，只有前者被认为是目标导向的（Woodward，Sommerville & Guajardo，2001）——这就是我们（在第 4 章中）讨论过的操作意向性。婴儿早期关注目标的倾向似乎与人手的特定方面有关，他们在手的伸手、抓握、指向和手势中看到了意义，就像他们能在与他人的行动中看到自己行动的可能性一样。

与他人的这种细致互动也反映在我们的手部动作、行为、手势以及关于手的符号和词汇中：我们不仅握手，有时还"伸出援手"。通常，除了做手势，我们也不知道在别人面前用手能做什么。那是因为我们有时确实想伸出手去触摸他们——要么把他们推得更远，要么分享我们的感受。想象一下，如果让我们的手去做它们倾向做的事情，将会导致规则的混乱。异手综合征就是一个很好的例子。这是脑损的结果，手似乎有了自己的想法。通常情况下，异手状态下的手最终会做主人做梦也想不到的事情。例如，据报道，在一个案例中，受试者伸手从一位食客的盘子中抓起了食物（见 Della Sala, 2000；Della Sala, Marchetti & Spinnler, 1994）。

可供性空间的概念反映了我们从之前的分析中学到的几点。首先，为了看到直立姿势的优势，我们需要考虑的不仅仅是解剖结构，也不仅仅是身体。一旦我们认识到人的手是什么和它们因直立而能做什么，就需要观察环境和可操作区域，并从有机体 - 环境耦合的方面进行思考。其次，可能有不止一个原因或动机可以解释复杂的人类行为。我们很难区分哪些变化（大脑、身体、环境）属于进化而不是发展、文化或个人经验的，特别是如果我们把各种循环效应考虑进去，会使任何严格区分进化、发展和经验的尝试变得更加复杂。可供性空间是由一个动态循环效应系统构成的，该系统整合了大脑、身体以及物理、社会和文化环境。手和脑都不是自己单独运行的，而是一个更大系统的一部分，该系统定义了我们从中发现并构建意义的可供性空间。这一观点强化了理性和意义主要是生成的论断。

第 10 章　思考的实践

Enactivist
Interventions

在本章中，我想解决所谓的"层级提升"问题。具体来说，有人经常声称，生成主义的认知方法可以很好地处理涉及感知和行动的低阶或基本类型的过程，但无法解释高阶认知能力，如记忆、想象、反思判断等（如 Shapiro，2014b；Clowes & Mendonça，2016；Foglia & Grush，2011）。这些都被视为"需要表征"的能力（Clark & Toribio，1994）。因此，Chemero（2009）认为，将动力系统方法从行为和感知分析"提升"到更高的认知表现层级是很重要的，"激进的具身认知科学能在多大程度上超越最低限度的认知行为，仍然是一个悬而未决的问题。"（Chemero，2009，43）

10.1　模拟解决方法

生成主义者对层级提升问题的一种回应是采取模拟的方式。

在这种模拟中，提升到想象或记忆等认知状态意味着系统重新生成原始感知过程的某些方面——这些过程一开始不具有表征性，因此在重新生成时没有表征性。在某些情况下，这些非表征过程将与构成记忆或想象的新认知行为相结合。例如，在记忆中，可能会重新激活在原始体验期间被激活的感知区域。可能还有其他非神经的身体因素，就像在感知过程中一样在记忆、想象、反思等情况下被激活，包括潜意识的肌肉紧张、面部表情、手势、荷尔蒙水平等。

例如，Thompson（2007）的解释回到了现象学，采用 Husserl 区分感知中的呈现类型（Gegenwärtigung）与记忆和想象中重新激活的呈现类型（Vergegenwärtigung，有时翻译为"重新呈现"）。对 Husserl 来说，记忆确实重新激活了先前的感知，将不在现场的事物（过去的事件）代入现在或一种"准在场"。同样，想象也能激活感知，将从未（并且可能永远不会）呈现的事物呈现在场。当代神经科学已经证实，感知区域在记忆和想象任务期间被激活（如 Schacter et al., 1996；Slotnick, Thompson & Kosslyn, 2005）。需要明确的是，这并不是封闭的心智对外部世界的经典意义上的表征。相反，按照生成主义者的观点，记忆或想象涉及一种（重新）激活的呈现活动，它唤起或带来一些现场缺失的东西（Thompson, 2007）。如果这个过程的产品或结果在某种意义上是一种表征，那么表征就不是生产过程本身所涉及的东西。在这个意义上，想象涉及通过在心理上对某事物进行可能的视觉体验来对它进行可视化。据此，记忆和想象包括：

"离线"的，模拟的或仿真的感知体验。仿真通过限定和修改的方式重新生成活动来表征活动。例如，作为模拟但不通过外围感觉和运动系统循环的内部过程（Grush，2004）。记忆可能涉及模仿早期的感官体验，从而以修改的方式重新生成它们。(Thompson，2007，290 – 1)

实际上，当一个人想象、记忆或视觉化某事物时，他就是在"主观地模拟或仿真一种中立的感知体验"（2007，292）。

尽管 Thompson 援引了 Grush "仿真"的概念，拒绝任何标准的表征主义解读，但 Daniel Hutto 似乎对"仿真"的概念更加怀疑，因为它过于频繁地在表征内容方面进行构想。对 Hutto 来说，"如果仿真是对心理意象最佳解释的一部分，并且对它们如何工作的详细描述最终涉及对表征内容的操纵"（Hutto，2015，72），或者如果对心理意象采取生成主义的方法"必须诉诸表征，否则便行不通"（Foglia & Grush，2011，36），生成主义的论述就是失败的。此外，如果 Clark（2013a，198）主张将表征的仿真理论视为预测编码理论的一个连贯部分是正确的，那么这必将是预测编码和生成主义主张之间的另一个区别的标志（Hutto，2015，72 – 3）。

Hutto 对层级提升问题的解决方案是首先"降级"正在研究的认知过程。我们可以考虑非常基本的记忆和想象能力如何有助于感知和行动任务。他引用了旧石器时代中期人类工具制造能力的例子，即用石片制作器具。在传统的泥瓦匠中也可以看到类似的例子。例如，我父母来自爱尔兰地区，该地区的田地是通过精确放置不规则形状的石头隔断的——无须水泥墙。泥瓦匠的专长包括查看一堆石头，抓取一块石头，这块石头需要与墙壁中当前需要下一块石头的位置精确匹配，然后以正确的方式放置。他对石头的感知似乎与工作记忆和想象特征相结合。他把目光从墙壁上移开，但仍对需要什么有所了解；他看到一块石头，并且必须在某种意义上想象它适合（或不适合）放在适当的位置。在这些过程中，视觉、记忆和想象都紧密结合在一起，就像砌好的墙上的石头一样。这就与古人类的工具制作一样，没有太多关于如何做的描述。没有任何东西可以像内容或一组规则那样可以用话语来解释，也无须像石头的内部表征之类的东西，泥瓦匠只是根据石头可以放置的位置以及它在支撑其他石头时所做的工作来看待石头——他在石头中看到了这一点，它的大小、形状，他感觉它的重量。建造这堵墙所涉及的心理过程——感知、想象、记忆与伸手和抓取相结合，与具身的活动密不可分。Hutto 参考了材料参与理论（Malafouris，2013），在参考他的工具制造示例时提醒我们，手不仅没有与大脑隔离，也没有与它们操作的物体隔离。

　　当然，这并不是建造一堵墙的全部内容。人们还必须考虑到在某一地址建造一堵什么规模的墙的先验意向，为了确认这种意图，人们可能必须想象那堵墙会是什么样子——这似乎是一种想象力，与已经（或尚未）为这项任务收集的任何石头没有直接联系。如果不是表征性的，那么这种想象究竟是什么？Hutto 认为，人们想象墙壁的方式"很可能受到他们所参与且模式化的事务的严格限制，反之亦然"（2015，87）。显然，如果想象这堵可能的墙的人是我，或者是委托建造这堵墙的人，而不是熟练的石匠，那么这种想象可能会有所不同。就墙的作用而言，我与墙的接触可能是纯粹审美的或纯粹工具性的。石匠为形成先验意向服务的想象，可能更接近于建造墙壁所涉及的活动。我想象的墙可能涉及模式化的形成，石匠对墙的想象可能类似于模拟，或者模拟建造墙的过程。

Hutto 的论点是，无论模式化还是模拟（他似乎更倾向于后者)$^\ominus$，都没有必要认为这些认知成就需要具有表征性的内容。如果记忆和想象分别是感知活动的再现或创造性生成，在建造或审美地/实用地欣赏墙壁的感知活动中没有表征性内容，那么在高阶

$\ominus$　"对想象的感知模拟假设具有初步的合理性，该假设认为基本想象是或主要包括感知重建……这种再创造想象的模拟理论很有吸引力，因为它希望解释为什么想象在许多方面与感知相似，但在其他方面仍然不同（例如生动性)。对这些事实的最好解释很可能是因为想象只是模拟感知，而不是精确地复制它们。这个假设是合理的，因为感知和想象所使用的神经处理路径有相当大的重叠，但仍然只是部分重叠。模拟主义的想法得到了支持，因为它与大脑经常重复使用其神经装置来完成各种不同类型认知工作的普遍发现相吻合。"（Hutto，2015，76）Hutto 这里引用了 Michael Anderson 关于复用的观点。

认知活动中就无须表征性内容了。尽管以一种语言和叙事框架的方式表述——并且受预先建立的图式的约束，它可能导致对某些可能的、过去或未来事件的适当（内容）表征，但非表征性过程的重新生成就是一个非表征性过程。

然而，在本章中，我不想追求记忆或想象可能涉及内部模拟或模式化（表征性或非表征性）的观点，我想论证的是，对此类认知活动的生成主义解释应该集中于这样一个事实，即就我们正在考虑的这些活动而言，这些活动就只是——活动或做事。当我在回忆或想象某事时，我正在做某事。无论是为了解决问题还是只为审美享受，我收集一些信息，创建一些描述，或者建造一堵墙，都是在从事某种活动。以这种方式思考，就是关注不同认知活动之间存在的连续性——感知、行动、记忆、想象，以及我们能够进行的更专业的认知活动。

在这方面，我想回顾一下第 9.5 节引用的 Goldstein 和 Scheerer 提出的建议，关于我们应该如何思考非常基本的具体态度与抽象态度。

尽管正常人的行动普遍是具体的，但这种具体性只有在抽象态度中嵌入并与抽象态度共同决定，才能被认为是正常的。例如，在正常人中，两种态度总是以明确的图形 – 背景关系呈现。(Goldstein & Scheerer，1964，8)

　　这种观点不是把专门的和更抽象的认知活动看作认知行为层次结构中更高阶的成就，而是看作一个持续的动态模式、格式塔或图形 – 背景中与感知和行为相结合的关系。

　　为了获取对这种观点的一些支持，我提出了三种不同的干预。首先，我想继续讨论想象，并提出一种不同的方式来思考模拟的作用。在此，我将回顾 Gilbert Ryle 的一些思考，并提供一个关于想象的更新的基于可供性的生成主义解释，它比 Thompson 或 Hutto 提供的（基于模拟的）想象更具有真正的生成主义特点。其次，我将通过参考 Hubert Dreyfus 和 John McDowell 最近的一场辩论来概括这个说法。Dreyfus 援引 Heidegger 和 Merleau-Ponty 的现象学观点，得出以下著名的结论：我们的大多数日常实践都是与心智无关的。这并不意味着它们是愚蠢的或非理性的，而是意味着它们往往会在没有考虑实践细节的情况下发生。我们的注意力不在于我们正在做的事情的细节，而是有意向地向外向前指向环境和我们的目标。这有一定道理，但我认为 Dreyfus 在与 McDowell 的辩论中，将这个想法推向了一个没有根据的极端。然后，我将提出思考反思性思维的生成主义解决方案即将其视为一种技能性的练习，就像走路和打网球是技能性的练习一样。最后，我将把思考作为实践的概念应用到数学推理的例子中，它涉及记忆和想象力，通常被认为是高阶推理，真有高阶推理的话。

10.2　基于功能可供性的想象

我想借鉴 Gilbert Ryle 在《心智的概念》（*The Concept of Mind*）一书中关于想象的章节。Ryle 首先批评 Hume 的观点，后者认为想象只是实际看到（或目击）的一种变体，或者认为印象（或感知）比想法（或想象的可视化）更有活力或更生动，而不是将想象理解为与感知不同的东西。然后，Ryle 提出了他自己对想象力的积极描述。我注意到 Ryle 后来（在 1958 年）承认了他对这个说法的不满。他表示，在对 Hume 提出批评后，"我不得不尝试给出正确的正面解释，而在搜索这个概念中我迷失了。"（1971，201）但我认为他提出了一些重要的建议，可以通过采取生成主义的方法进一步发展。

什么是想象？Ryle 的回答是，就像农业生产不止一面，想象中也不是只有一样东西。人们不能说只有在喂鸡时或者在挤牛奶时才是在从事农业生产。农业生产意味着做各种不同的事情。如果想象确实涉及许多不同的事情，Ryle 在《心智的概念》中只指出了两件事情：假装和模拟。

他建议，首先，不要将假装视为依赖想象，而应将想象视为一种假装——一种表演。其次，关于模拟，以想象一首曲子的曲调为例，它需要人来制作这首曲子，"要使用这种知识，他一定是真的在想曲子的曲调，只不过他没有播放曲子或大声哼唱。他一定是在没有曲子的情况下去想它的曲调的。"（Ryle，1971，201）换句话说，他在想象中哼唱，只是没有实际唱出来。在这方面，他采用的是一种模拟。

现在有两种方法可以考虑这种模拟。一种方法是就好像我们正在听到它一样，将其视为重复或重新演绎曲调。按照 Thompson 和 Hutto 的建议，这将是对感知的重建。另一种思考方式是，在我看来，这就是 Ryle 所暗示的，我们参与了一种积极的假装，一种想象行动。

对这两种情况——想象是一种模拟或者是一种假装或表演，Ryle 提出了同样的观点。我们首先应该把想象看作一种对可能性的积极参与。这一想法反映在一种对假装表演（Rucinska，2014；2016）的生成主义描述中。在儿童的假装表演中，并不是孩子首先想象 X，然后表演出来；相反，想象是在表演中完成的。Ryle 的例子是：孩子可以假装自己是一只熊。在这种情况下，孩子"咆哮着，他在地板上蹭来蹭去，他咬牙切齿，他假装睡在一个洞穴里"（1949，243）。孩子也可以假装他的泰迪熊是他的朋友，他可以通过拥抱熊并喂它吃东西来做到这一点。或者他可以假装同一只熊是他的死敌，并且熊正在攻击他。在这一切中，他的脑海中都没有某种感官形象。相反，想象只是一种表演，是在身体运动（可能涉及道具使用）中生成一些东西。

在这种情况下，想象不是首先发生在头脑中的事情；它涉及具身化的动作，使用玩具、道具、手工艺品、工具等。[一]如果一个人能在与物体和他人互动的过程中"看到"它们，那么他就无须在头脑中对这些可能性产生任何想法。表演作为一种想象的实践，允许一组可供性的扩展（Gibson，1977）——扩展的可供性空间（Brincker，2014）或属于一种生活形式的可供性景观（Rietveld & Kiverstein，2014）。这同样适用于 Ryle 提出的另外两个例子：演员通过表演进行想象；作者通过写作进行想象。如果我们遵循这条路径——将想象作为假装表演或具身行动，我们会得到一个更好的、更生成性的、基于可供性的想象概念。

那么，从假装表演开始，我们就可以朝着更完整的想象概念努力，假装表演涉及根据可供性行事。与上述示例一样，这些可供性可以是物理的，因为环境中的物体和道具提供了操作的可能性；也可以是社交的，因为其他人会联合行动。在几乎所有情况下，它们也是文化的，因为涉及我们从他人那里学到的既定做法。对象替换游戏（Sainsbury，2009）就是一个很好

一 当 Hutto 将他的激进生成主义观点与物质参与理论和 Lambros Malafouris（2013）的研究联系起来时，他清楚地表明了这一点。我认为这应该成为想象力分析的起点。参与假装表演，或诸如石器制作之类的实物使用是想象力的开始。"石器不是古人类大脑的成就，而是古人类大脑的机会——一个积极参与物质活动的机会。"（Malafouris，2013：169）

的例子："幼儿假装一件事物代表另一件事物的能力（玩香蕉电话），不是由个人离线'象征性'思维过程来解释的，而是由在'表演'的共享环境中直接与香蕉的互动来解释的。"（Rucińska，2014，175）与成人认知相比，18 个月大的婴儿可能具有有限的语言和概念能力，但能玩基本的对象替换游戏。在这种伪装表演中，婴儿实际上是在操纵香蕉——抓住它并把它放在她的耳边。在这样做的过程中，她把香蕉隐喻化了。然而，这个关键的隐喻并不在她脑海中的某个地方。婴儿似乎不太可能需要首先在概念上解决问题以实现假装——假装、想象力都在她的手中，并且在她用香蕉做出的动作中。实际上，孩子"生成"了隐喻（关于生成性隐喻，见 Gallagher & Lindgren，2015）。这可以通过任何介质发生（包括身体动作、手势和声音），并且影响显著，因为它允许有机体将某物体验为其他东西—— 一个洋娃娃成为婴儿，一根棍子成为一匹马……这对于假装至关重要（Mitchell，2002：8）。

正如 Merleau-Ponty 提出的（1964，183）：语言，特别是使用中的言语，可承载思想，手势也可以承载思想（Gallagher，2005a，121），行动和社会互动以及假装包括假装表演也承载了思想，而且是富有想象力的思想。

在极端理智主义的观点中，想象转换只是"用一种思想内容代替另一种"，因此"需访问和控制想象活动的输入（信念和欲望）——而想象活动是假装的基础"（Currie & Ravenscroft，2002，140）。理智主义者的解释在很大程度上依赖于类似信念的状态和思维过程来支持这种能力。

假装以假设为前提，比如假设我坐着的那个盒子是一辆汽车。在假设模式中，人们也可以考虑一个想法，从中得出结论，考虑它的证据，并将其与其他想法进行比较。（Currie，2004，233）

然而，当婴儿把香蕉当成电话或者把盒子当成汽车开时，她是否在做这一切尚不清楚。

可供性是与环境中的事项或事件相关的——由身体关系、技能水平、文化实践来定义。根据这种观点，想象作为一种实践或行动取决于行动的可能性和意义，这些可能性和意义也可以通过与他人的互动而涌现。但是参与表演练习或表演行动也允许推导。就像从一开始就与他人接触让预测和解释他人行为的观察能力（所谓的心理理论）得以出现一样，参与假装表演可以实现更抽象的"把某物看作其他事物"的能力。或者，按照 Goldstein 和 Scheerer（1964）的观点，更抽象的想象可能会形成"看似"具体的格式塔。

想象涉及各种不同的实践，其中一些是积极具身的，一些涉及对部分环境的操作，一些是静态的并通过操作概念、思想或意象（重新生成的感知）实现，在任何情况下，仍可能涉及具身的情感和动觉方面。所有这些实践都可以在不同的技能水平上完成。即使在想象的更抽象实践的情况下，我们仍在处理可供性。从实用角度考虑，概念或思想可以只被视为可供性，在我们进行思考时提供（或诱发）一条或另一条路径的可能性。这再次与 Ryle 的观点一致，思考可以是一种假装。

———————

在这里，有一种假装是值得一提的。从事计划或理论化任务的人可能会发现，通过思考思想的运动进行思考是有用或有趣的，这些思想不是或还不是他天真地倾向于思考的东西。假设、推定、娱乐、把玩观点和考虑建议都是假装采用方案或理论的方式。（1949，249）

在这方面，富有想象力的实践是操作概念、思想和意象——拿起它们，把玩它们，移动它们，以解决问题，或将它们映射到新的可供性空间。这一过程最常在语言中找到例证，最明显的例证是 Ryle 的"作家通过写作进行想象"的论证。在此论证中，"人类借助具体事物思考，而文字是一个特例"，作家可能会以一种虚夸的方式操纵文字，就像她假装操作事物一样（Roepstorff，2008，2051；参见 Elias & Gallagher，2014；Overmann，

2016）。[○]这个过程显然不仅仅涉及自主神经模拟——即便是与语言相关的那种模拟（例如 Pulvermüller，2005），这一点在第 2 章中已经讨论过。

　　尽管 Ryle 认为想象是主动的（涉及对各种材料的操作），但他认为感知是被动的，这与生成主义形成了对比。但是，根据生成主义关于感知是主动的或以行动为导向的观点，即我们根据可以用它们做什么来看待事物的观点，正如一些现象学家建议的那样，我们应该认为感知本身存在一个想象的方面（如 Casey，2000；Lohmar，2005）。例如，在视觉感知中，我看到了事物中包括尚未发生动作的可能性——这在一定程度上就是可供性的含义。同样，在听觉方面，音乐家可能会听到一些尚未发生的即兴演奏。

㊀　有些人在听讲座表达各种抽象概念时涂鸦，这种做法似乎有助于他们跟踪这些概念。我的论文导师 José Ferrater-Mora 更进一步。他自学阿拉伯语，并在听讲座时练习阿拉伯文字的构型。在这方面，重要的是要考虑物质性在定义物理可供性（在纸和铅笔下去发现，以及涂鸦、图像或文本的形成）中的作用，甚至思考在思维模式下我们是如何从用手的物理实践形成抽象过程的。例如，在泥板上书写时，正如 Karenleigh Overmann（2016，292；另见 Malafouris，2013）指出的那样，画直线比画曲线更容易。这促进了象形文字/表意文字向越来越抽象的形式发展，而这反过来又促进了生产的简单性和速度。这些物质（和文化）可供性，不仅对伴随此类实践的神经可塑性、灵巧性、手眼协调、视觉微调和此类实践中涉及的认知过程产生影响，还影响我们的手工、视觉和认知能力进一步发展。社会政治层面也是相关的，因为在这些实践中识字能力的发展依赖大量重复，"似乎只有在国家级官僚机构才会出现这种重复"（Overmann，2016，293；另见 Gallagher，2013a）。

因此，想象主要是感知和假装表演行动中可能性的基本投射/生成，它只是以想象或概念的形式推断性地"看到"了并考虑这些可能性。

10.3　有争议的心智

2005 年，Dreyfus 在旧金山发表了他的美国哲学协会主席讲话。在他的演讲中，针对 McDowell、Dreyfus 否认了感知是概念性的观点，并为他长期以来对非概念的具身性应对观点进行了辩护——根据他的观点，我们在世界上的存在主要体现在具身技能上。Dreyfus 拒绝他所谓的"心理神话"，并认为感知和行动最常在没有心理干预的情况下发生。这个演讲引发了著名的 McDowell-Dreyfus 辩论。在接下来的段落中，我将总结该辩论的相关内容，但不会试图列出所有丰富的细节。

McDowell（2007a；2007b）在回应 Dreyfus 的主席演说时认为，感知（以及能动性）是概念化的、理性的，而非"无心为之"。Dreyfus 则认为 McDowell 回应中的感知为"上层"（即它涉及与具体情境相分离的高阶抽象概念），而 McDowell 忽略了非概念性的、情境具身化的应对方式，因此接受了"心理神话"。然而，McDowell 解释说，理性不必独立于情境，这可以从 Aristotle 的实践智慧（phronesis）概念中看出，它是情境理性的模型——Dreyfus 本人将其作为具身应对的模型。但对 McDowell 来说，实践智慧涉及概念能力的发源。

与此相反，Dreyfus（2005，51）遵循 Heidegger 对 Aristotle 的解释，将实践智慧理解为"一种能够对完整的具体情境做出直接反应的理解"。就 McDowell 而言，他接受 Heidegger 对实践智慧的描述，但在他看来，这并不能决定我们是否应该认为感知/行动是理性的或概念性的问题。事实上，McDowell 在这一点上受到了 Gadamer 的影响，"即使他没有因为推理而决定这样做，但他所做的事情却显示出他的实践智慧的实践理性"（2007a：341）。只要我们可以将推理视为区分哪些可供性需要回应以及如何着手回应的能力，理性就内置于行动。McDowell 将此称为我们的"手段 – 目的理性"，其涉及某种"后退"。在这里，他坚持深思熟虑的观点。

> Aristotle 提出的解释深思熟虑的结构，应该比在行动研究中从推理引发的问题更具有广泛的相关性。这并不意味着我设想的重建，为了展示并非来自事先深思熟虑的行动，但仍然是在工作中适时形成了实践智慧的案例，涉及理性结构，其中情境的具体细节仅用于说明哪些关于如何行动的脱离情境的概念隐含地适用。(2007a, 341 – 2)

换句话说，即使没有在行动之前形成深思熟虑的理由，我们也能够为行动给出理由的这一事实表明，我们的行动和具身化的

处理是一种理性的、概念性的隐含结构。[⊖]

　　然而，对 Dreyfus 来说，理性的概念并不意味着生活或行动中固有的东西。相反，他从为我们的行动提供理据的角度来思考理性，这涉及与语言相关的独立的、反思性的思考过程——包括命题话语、推理空间、概念表达。然而，对 McDowell 来说，语言的使用与它发生的情境密切相关。我们对世界的开放性涉及一个情境化的范畴层面，这使我们能够在语言上记录它（即使我们并不总是这样做）。换句话说，我们并没有"提前准备好"语言来表达所有的经验，但是根据 Gadamer 和 Heidegger 的主张，我们有一种能塑造我们的经验的"前本体论"的理解—— McDowell 将其解释为一种概念上的理解。此外，语言能力在人类与动物的感知可供性方面也有区别。因此，对 McDowell 来说，猫只是"居住"在一个环境中，它对环境的感知与在世界中生活的人类不同。同样，人类和狗都能够捕捉飞盘，但人的行为涉及对他正在做的事情有一个概念，以便为他的行为提供理由（即使他没有被要求这样做），这一点与狗不同，根据 McDowell 的说法，狗对自己在做什么是没有概念的。

　　㊀　我们可以在现象学中为这种观点找到一些线索。例如，Heidegger（1994，88）写道："范畴不是发明的，不是图式或独立社会的逻辑'框架'；它们在生活中是一种原始的方式，为了'培养'生活。它们有自己的获取方式，然而，这种方式与生命本身并不陌生，不是从外部任意强加给它的，而只是生命出现的显著方式。"（Zahavi 译，2013，333）Zahavi（2013：333）重申："相对于简单地扭曲生活经验，我们对它的表达更可能只是突出它已经固有的结构而已。"

　　还有一个重要的问题与我们应该如何看待反思中的"后退"
有关。

<hr>

　　我同意 McDowell 的观点，即我们有一种后退和反思的自由，
这是非人类动物所缺乏的，但我不认为这是我们最普遍和最
重要的那种自由。这种后退在我们的生活中是断断续续的，
只要我们采取这种"自由、远离的方向"，我们就不再能够
在这个世界上采取行动。我承认，当我们全神贯注于日常的
巧妙应对方法时，我们有能力退后一步并反思，但我认为很
明显，我们不能在不破坏应对的情况下运用这种能力。
（Dreyfus，2007a，354）

　　Dreyfus 进一步区分了作为事实的可供性与作为情境的可供
性。"虽然当我们后退一步并考虑它们时，可供性可以被体验为世
界的特征，但当我们回应它们的'请求'时，它们又不会向一个
主体呈现为世界的特征（按照 McDowell 的理解）。"（2007a，358）
根据 Dreyfus 的观点，McDowell 假设世界已经是一组确定的事实，
可以被命名、思考并适用概念。相比之下，对 Dreyfus 来说，世界
是不确定的，"不是隐含的概念性的，只是等待被命名。我们与
世界的关系比我们的心智面对感知分类统一的事实更具基本
性。"（2007a，359）具体来说，他指出 Merleau-Ponty 的操作意
向性概念是一种更基本的、非概念性的与世界相关联的方式
（见第 4.4 节）。

这两位哲学家在定义理性方面似乎都在自说自话。我认为不妨从他们的争论中跳出来，将理性视为一种具身－生成的实践。简而言之，我认为否定 McDowell 比支持 Dreyfus 要更好一些。

McDowell 认为，我们的行动/具身应对具有一种已经合理且易于概念化的结构。通过建议我们应该首先将这种理性视为具身的实用理性，我们可以将这种思想更多地推向 Dreyfus 的领域。世界布置在感知中，而非在概念或原始概念意义中，但最重要的不是在与我行动可能性有关的差异中——目标是我能到达或不能到达的东西；我可以举起或不能举起的东西；我可以移动或不能移动的东西。我们理解世界的能力部分来自与世界的主动和实际的接触。如果我们能够改变方向，发现我们的世界或我们的经验具有内在的理性或原始概念结构，那是因为我们的"前谓词具身参与"已经将这种结构放置在那里。即使 Dreyfus 拒绝认为这是一种理性，但我认为这与他的某些观点是一致的。

正如第 9 章所指出的，手的结构中有一种隐含的理性。手（作为完整系统的一部分）以行动为导向而且"富有智慧"。当主体伸手去抓某物时，手会自动（在主体没有意识的情况下）调整成最适合该物体和主体的正确的姿势，以实现抓握的目的。如果我为了吃香蕉而伸手去抓它，那么我的抓握形状与我伸手去拿香蕉把它当成电话时是不同的。抓握方式的差异反映了我的意向性（隐含在我的身体运动中的操作意向性），因此，如果我抓起水果来吃，我的运动学与我抓起它给你时不同，也与我抓起它扔向你时不同（Ansuini et al.，2006，2008；Jeannerod，1997；Marteniuk et al.，1987；Sartori，Becchio，& Castiello，2011）。手与视觉感知相结合（通过背侧视觉通路），因此我认为对水果的抓握可以有特定的目的。大脑之所以演化成现在这个样子，只是因为它有双手可以使用——与大脑一起进化的双手与（直立）姿势的其他身体方面具有整体关系（第 9 章）。

有时（也许经常）非常聪明的手 - 脑动力学会领先于更具概念性、构思性的的智能。回想一下无法识别物体的视觉失认症患者的例子。当向他展示一张单簧管的图片时，他称其为"铅笔"，同时他的手指开始演奏想象中的单簧管（Robertson & Treisman，2010，308）。在这方面，身体及其运动是理性的，并执行一种手动思维（Bredekamp，2007）。手动思维有可能将其动作整合到所有感知模式中。我们可以想到捂住耳朵、捏住鼻子或者挥手驱散难闻的气味。

手不仅有助于感知和行动，它还将动作转化为语言（通过手势）和思维。手势研究的证据表明，手势、言语和思维之间存在密切关系——它们是同一系统的一部分，David McNeill 称之为手 - 语言 - 思维系统（Cole，Gallagher，& McNeill，2002；McNeill et al.，2008；Quaeghebeur et al.，2014）。手势提高了认知能力。然而，在这方面，这种动作（手势）和口语之间没有中断，没有"倒退"，也没有处于行动和思考之间——它们是同一个系统的一部分，即相同的格式塔。

　　在同样的基本意义上，身体的回应也是理性的，身体的理性运动与反思性思维之间存在连续性。与 Dreyfus 所认为的不同，反思性思维，就它是一种嵌入的或情境性的反思而言（Gallagher & Marcel，1999），是一种技能，就像滑雪时身体的反应一样。[一]事实上，反思性思维可以是一种形式的具身回应。专业速降滑雪者的反思并没有与滑雪者的表现脱节，而是它的一部分——是运动的一个维度，而非与之不同的东西。滑雪高手应该知道什么时候该反思、什么时候不该反思，以及要反思什么，这样的反思是一种技能，也是一种应对环境的方式。既不知道什么时候反思，什么时候不反思，也不知道反思本身与行动不连续，这会打断行动的连续性。相反，情境反射与表演是一致的，或者是表演的一部分。这是在教师中发现的一种反思类型，当她反思性地描述她正在做的事情时，她能够展示一个动作，或者在音乐表演期间即使音乐家保持连续的状态也可能发生这种反思（HØffding，2015；Salice，HØffding & Gallagher，2017）。在某些情况下，教师或音乐家的专

　　○ 2006 年，在奥斯陆的挪威体育科学学院，Dreyfus 在一场为期一天的研讨会上为他著名的专业模式辩护，即专家毫无意识地从事其活动。一位奥运教练根据她与一位顶级的挪威奥运速降滑雪运动员的互动提供了描述。她提出，速降滑雪运动员可能会顺势而为，但也必须反思下坡时雪的质地可能发生的变化，以便预测对他的滑雪风格可能进行的调整。Dreyfus 的回答是，当滑雪者一切顺利时，他并没有思考。当他开始以所描述的方式进行反思时，他就一定遇见了一些问题，在这个意义上，他不再是一切顺利了。反射（思考）元素的存在必然会干扰专家的流畅表现。在那次会议上，我对此做出了回应，我认为专业知识将包括知道何时反思，如何反思，以及在预测雪质变化方面应该考虑什么。然而，Dreyfus 不赞同这个想法。

长就是拥有同时做这两件事的能力。滑雪者、教师和音乐家的反思在每种情况下可能不同，但尽管有微妙的差别，它们也都与不同的身体动作相融合。

当 McDowell 指责 Dreyfus 将思想/心理过程视为与身体脱节时，他似乎提出了这一点——McDowell（2007a）的"无实体智力的神话"。但正如 Zahavi（2013）所指出的，Dreyfus 和 McDowell 都继续保留一种过度理智化（概念化、语言化）的心智概念——一种并非"在手中"或随时可用，而是"在颅内"的心智。与这种传统的、概念主义的、内部主义的心智概念（这是 Dreyfus 所反对的、McDowell 所接受的心智概念）相比，另一种看法是把诸如反思、解决问题、决策等心智技能看作具身性应对的能动的、非表征性的形式，它们是从区分相似的预设感知排序中产生的。

提出与 Dreyfus 或 McDowell 不同的心智概念（更具身、更生成）并不是 McDowell – Dreyfus 辩论的最终结论。因为那将忽略社会或主体间因素，事实上，手势将我们指向一个暗示着更多东西的方向，即有意义的行动、手势、语言和思维不是在没有其他人的情况下发生的事情。我们需要注意的是，环境中那些被视为，以及我们认为是显著或重要的可供性的事物（与那些我们不认为正确的事物）之间的差异和价值区分是沿着情感、享乐的路线设置的，与其他主体和我看到他们的行动有关。我们对客体的感知不仅受到身体语用或主动可能性的影响，还受到某种主体间显著

性的影响，这种显著性源自他人对此类客体的行为和情感态度
（见第 8.2 节）。更常见的是，我在与他人的互动以及在自然教育
学的过程中来了解事物和世界（Csibra & Gergely，2009）。发展心
理学研究为这种受社会调节的感知和行动相关的差异在婴幼儿阶
段的表现提供了证据，这些证据反驳了所有的神话：天赋的神话、
心理神话和无实体智力的神话。

Dreyfus 和 McDowell 都想利用"实践智慧"的概念——某种
在实际运用中（以行动为导向）知道该怎么做的实践性卓越。实
践智慧与每种情境的特殊性密切相关（这是逐案实践的美德）。
它可以是直觉的/自动的（Dreyfus）和/或反思的/深思熟虑的
（McDowell），但在后一种情况下，我们应该将反思或深思熟虑视
为一种与具身应对相连续的技能，它本身可能是直觉的/自动的，
或者，如有必要，涉及元认知和战略，当然如果经过充分练习，
这些也可以熟练掌握。

然而，最重要的是，实践智慧是主体间的。正如 Aristotle 告
诉我们的那样，实践智慧是我们从与他人相处中学到的东西。我
们需要考虑与他人普遍互动的重要性。我们的世俗知识和思考能
力是在非常基本的主体间互动中获得的——以别人的眼光看待事
物，模仿，做别人做的事，重视别人重视的东西，这些过程涉及
具身理性、自然教育学、社会规范、情境化的反思等。就实践
智慧涉及情境化的反思性思考的程度而言，以及就它可以被视
为理性的模式的程度而言，它是一种无须思考的思考，与具身

性的应对方式相连续，并从同一结构中切割出来，它既是行动也是互动。反思可以作为与他人互动的一种形式、作为交流动作的一部分、作为正在进行的动作的一部分，以姿势或面部表情的形式实现。

即使在我们能够后退一步，将自己从当前环境的需求中分离出来，并使用二级概念谨慎思考的情况下，思考也依然是一种具身/主体间的技能。大多数人都能够后退而不会绊倒自己。思考和运动一样，是一种具身的表现，在某些情况下，需要一种思考姿势或促进这一过程的节奏。它可以是一个明确的主体间过程，我们与他人一起思考要解决的问题。在这方面，就像在感知和行动中一样，有可供我们做事、解决问题、与他人交流、构建制度等的可供性。务实地考虑，概念可以被视为提供（或诱使）我们进行思考时以一种或另一种方式进行的可能性。在这个观点上，正如我现在所建议的那样，即使做数学题也是一种具身技能，一种生成的表现；即使是在头脑中进行（而不是用手、铅笔和纸、手持计算器、算盘或计算机图形）也可能涉及运动和空间脑－身系统的激活。○

○ Merleau-Ponty 也有类似的见解：“纯粹的意识性由身体衔接，沿着可感事物的轮廓流淌出来。”（Merleau-Ponty，1968，152）正如 Husserl 所说：“判断也是行动。”（1969，149/167）“每一个行动，每一个特定意义上的意图……是‘我积极指导’的一种方式，我们甚至可以说，是一种自我实践的方式。”（2008，366）

10.4　做数学题

　　有一些很好、很明显的例子说明身体和环境的各个方面如何涉足看似最抽象的认知活动——数学计算。也许最明显的例子是使用手指来数数，当然还有使用算盘、手持计算器或其他类型的设备，这些设备的计算能力超出了我们的头脑所能实施的范围。手也以其他方式影响我们的数学能力。例如，手势有时被认为是延展认知的一个例子（Clark，2008a，2013b），它可以为我们减轻一些认知负担。手势就像语言（或被认为是语言的一部分）一样，不仅为我们的思维过程提供支架，而且为手势主体（实际上支持她的思维）和交流伙伴（McNeill，1992）添加或补充有意义的信息。以视觉空间模式格式化的手势提供了额外的信息，这些信息无法在单独的言语表征格式中找到。

　　就数学思维而言，手势也可以添加或补充该过程。因此，Susan Goldin-Meadow 和其他人的研究表明，与要求他们用纸笔计算相比，当孩子们被允许使用手势时，他们解数学题的表现更好（更快、更准确）（Alibali & DiRusso，1999；Goldin-Meadow，Kim，& Singer 1999；Goldin-Meadow et al.，2001）。

　　手势帮助说话者从记忆中检索单词。手势减少了认知负担，从而释放了可以分配给其他任务的精力。例如，指点可以提

高幼儿在计数任务中的表现，特别是如果指点是由孩子们自己完成的。作为另一个例子，在解释数学任务时做手势可以同时提高执行的单词回忆任务的性能。因此，手势似乎增加了说话者可用的资源，也许是通过将负担从口头记忆转移到空间记忆……手势还可以提供学习者获取新想法的途径。例如，参加科学课的孩子经常使用手势来预示他们自己最终在言语中表达的想法，他们可能需要在用文字表达这些想法之前先以手势为媒介表达这些想法（Goldin-Meadow，1999，427）。

这些影响也推广到手势之外的身体运动和环境情况。因此，来自单词实际发音的感觉反馈可以改善语言记忆；与他人交谈会增强这种效果（Lafleur & Boucher，2015）。适当设计的虚拟环境中的全身运动增强了对物理学和天文学科学概念的学习（Gallagher & Lindgren，2015）。

除了这些涉及学习、思考和数学的现场具身表现，其他人还认为，即使是高阶思维和数学的概念内容也是基于具身环境过程的。这种方法通常与 Lakoff 和 Johnson（2003）的工作有关，他们认为，通过意象图式和隐喻转换，一个人的基本身体运动和体验被转化为更高层级的抽象思维。例如，正义的概念隐喻源自平衡的基本经验。同样，进出空间的基本身体体验会产生大量更抽象的进出概念。例如，"我不想在我的论点中留下任何东西"或"她正在走出抑郁"。

Lakoff 和 Nuñez（2000）认为，相同的隐喻转换有助于发展一个人的数学概念。这种转换建立在与生俱来的能力之上，即一眼就能辨别一个人的视野中存在一个、两个或三个物体（一种称为"替代"的能力）［即使是年幼的婴儿和一些非人类动物，也能做到这一点（Antell & Keating，1983；Church & Meck，1984；Strauss & Curtis，1981；Woodruff & Premack，1981）］以及与身体相关的基本方面，包括"基本的空间关系、分组、少量、运动、空间中事物的分布，变化、身体方向、对象的基本操作（例如，旋转和拉伸）、迭代动作等"（Lakoff & Nuñez，2000，28）。允许我们以某些方式移动的运动控制程序也影响我们推理或推断事件和行动的能力（2000，34‐5）。同样，大多数复杂的数学思想都基于日常身体活动和经验。例如，集合的概念源于我们对空间区域中对象集合的感知；递归建立在重复动作之上；导数（在微积分中）会利用运动、边界等概念（Lakoff & Nuñez，2000：28‐9）。

Saunders Mac Lane（1981）循类似的方向，承认数学的进步部分受到身体和社会嵌入实践的启发，最终导致了相互支持的概念和形式结构的复杂性。

数学是从处理一般人类经验的组合和符号方面的难题和问题中开始的。其中一些方面被证明是系统的和内在的，而不是任意的或与一个背景相关联。它们构成了基本数学的领域。

从这个起点开始，该主题已发展为对大量不同但相互关联的形式结构的演绎分析。这些结构来源于许多连续阶段的经验：通过对世界的各种观察、对问题以及问题的相互联系进行抽象。这些观察可以被描述为从各种人类活动开始，每一项活动或多或少直接导致数学的相应部分（Mac Lane，1981，463）。

他提供了许多例子：计数导致算术和数论；测量产生微积分；制造启迪几何形状；建筑形成对称；估算引出概率；转向引出力学和动力学；分组产生集合论等。正如 Mac Lane 所说，"数学不是对无形的柏拉图世界的研究，而是对有形的形式系统的研究，这些系统源于真实的人类活动。"（470）

显然，根据这种分析，最初的先天能力以及基本的感知和身体能力，逐渐构建成更复杂的概念，这些概念需要文化过程才能继续存在。因此，Lakoff 和 Nuñez 声称"高等数学的大部分'抽象'是隐喻与隐喻系统分层的结果，通常发生在几个世纪的过程中"（2000，47）。

我已经指出（在第 9.4 节中），可供性空间的概念有助于厘清进化、发展和文化实践对认知的贡献。它还可以帮助理解由基本动作、手势、隐喻、思想甚至抽象数学概念整合形成的格式塔。在这方面，现象学传统提供了一些资源。Husserl 最后的一篇论文讨论了几何的起源（1982b）。他深知几何和数学的实用根源："几何从测量艺术、计数、算术、日常力学、数学力学发展而来。"

（Husserl，1965：183）然而，他很快就考虑了超越实用性而转向更抽象的概念领域的后果，因为他认为这正是数学所引领的方向。世界的数学化促成了我们现代科学的概念，即一个完整的客观世界，严格区别于人类精神。此外，根据 Husserl 的说法，自然科学可以将严格的、客观的、数学的原则用于解释心理现象这一观点威胁到了这些现象。他对心智的自然化持谨慎态度，他认为这是一种物化形式，他抱怨那些将心智自然化的人"关于生活和直观的环境世界如何赋予公式或数学对象以意义的问题，我们对此一无所知"（1965，186）。我认为我们可以从生成主义者的方法中听到更多关于这一点的信息。

Husserl 的担忧引发了一个重要问题：源自生活实践的数学概念是否可以以任何完整的方式循环解释这些生活实践。一方面，至少在一种观点上，鉴于现代数学的进步和复杂性，包括动力系统理论的发展，我们可能拥有可以支持现象学自然化的工具，这种方式是 Husserl 从未怀疑过的（Roy et al.，1999）。另一方面，我们可能有充分的理由怀疑这种乐观的观点，延续 Husserl 对心智自然化或数学化的担忧。正如 Mac Lane（1981）所指出的，决定其发展或应用的不是数学的纯粹形式方面；它们是由"所研究的世界的各个方面或数学家的洞察力或幻想的一部分"决定的。对 Mac Lane 来说，这是一个普遍的形而上学问题，在这方面，他的毕达哥拉斯问题预示了 McDowell 的观点："现实世界的一些重要方面实际上如何可以通过对公理的严格演绎来准确分析？换句话说，逻辑是如何适应世界的？如何解释形式数学的非凡和意想不到的有效性?"（466）他进一步建议，在数学应用中，数学家以"他的学科的广度和深度"为指导（466）。广度的概念是指数学应用的那些偶然情况，提出了有关所选抽象的意图和相关性的问题。深度是指我们在选择适当的抽象来获得问题的基本结构和概念时的判断限制（Mac Lane，1981：471）。

这些考虑至少确定了一个研究方向——关注我们如何从"生活和直观的环境世界"中获得抽象概念，特别是数学概念。可以肯定的是，对 Husserl 来说，数学和几何的真理具有"理想的客观性"，并且是通过人类的"精神"努力发现的（1982b，160）。同时，他愿意将几何和数学视为文化成就；Husserl 称它们为"文化传统"，其最终起源于"手头的材料"（158）——我们的手和大脑的文化产品，通过学习和培训传递下去。在这一点上，他普遍同意最近的研究。尽管它们是基于这种适应，如直立姿势、人的手和大脑的进化，但几何和数学的文化成就不是生物适应。正如 Richard Menary 所指出的那样，"我们通过进化而被赋予的皮层回路开始执行这些新的文化特定的认知功能，即使它们是为执行不同的功能进化的。"（2013，354；同见 Ansari，2008；Dehaene，1997，2009）这是第 2 章中讨论的神经复用概念的发展。神经可塑性允许重新部署神经回路以实现进化之初未指定的功能（Dehaene，1997；Dehaene & Cohen，2007）。然而，这种重新部署是由务实的考虑和定义新的可供性空间的操纵可能性驱动的。在这方面，正如我们在前几章中已经指出的那样，不仅是大脑的可塑性，还有 Malafouris（2013，80）所说的"元可塑性"，即大脑 - 身体 - 环境的可塑性，允许重新配置不断变化的环境中的身体和文化实践与大脑的可塑性动态相关。

一方面，Husserl 的分析侧重于解释几何的"理想对象"或理想化是如何存在于创始人的主体内意识中的问题，以及如何通过语言（口语和书面语）与这些对象进行沟通。这是精神洞察如何变成文字的问题（1982b，164）。从这个角度看，绘制图形的使用是次要的；它试图深入了解最初的理想化的教学过程的一部分（有时会失败）（165）。另一方面，Husserl 被带回到几何起源的具身化本质方面。我们知道几何学始于建筑，涉及Husserl 所谓的"前科学材料"——字面意思是 Euclid 用他的双手和一些工具（圆规和直尺）来制定和展示几何原理。几何最初并不是一种思维将组织强加于空间的方式，而是一种思维组织，它源于我们可以在特定环境中移动我们的手来操纵物体的特定方式。

我们学习几何（以及数学）的方式仍然如此。这是我们在书本上、在学习环境的背景下、在公共空间中学习做的事情，然后在我们的头脑中做这件事。我们的思考能力已经改变，但在这种情况下，它们是在公共空间操纵铭文的能力。这是一种表明我们认知能力的转变具有公众可识别特征的方式。（Menary，2013：357）

　　几何学的构造有两个方向：①向外的，表现为田垄的直线和建筑的光滑表面，以及天文和航海领域的线和圆；②向内的，正如 Husserl 所说，在精神和生物学上，形成新的神经连接，这些连接既可以实现可供性空间的重构，也可以通过这些可供性空间的重构实现。然而，正如 Menary 在争论认知整合的概念时所指出的那样，"在这个文化适应过程之后，因为文化在发展过程中会深及内部，'外部'和'内部'在功能上并没有太大的不同。"（2013，359）的确，我们头脑所能做的一切都源于我们用手能做的事情。

　　如果数学起源于实用，即我们如何衡量环境或计算交易，它将直接引向对符号的操纵。Menary 指出了这一过程的两个重要方面。首先，物理操纵（可以用身体图式和手的动作来描述）直接移动或引起符号的移动。我们可以用手指计数、算盘或更现代的计算器来考虑这种操作，这些媒体最终变得可操作，能够以特定形状表达空间排列的公式——占用页面或黑板或计算机显示器或其他物理空间中的空间。其次，操纵不是任意的，它们遵循可以从一代传给下一代的规范模式（Menary，2015）。在这方面，空间操作成为规则。"根据递归规则系统，数学符号以及字母、单词和句子可以具有任意复杂性。递归允许潜在的无限多种字符串，并允许潜在无限多种有意义的表达式。"（Menary，2013，360 - 1；Menary & Kirchhoff，2013）这不仅意味着我们最终会遵循规则，还意味着我们可以递归地操纵规则——并且能够做到这一点在某些方面源自原始的操纵能力。

这些能力让数学从简单计数发展到高等数学。简单计数的根源可能在于识别数量和数目的基本能力，这种能力允许人类（以及一些非人类动物）（Uller et al.，2003；Nieder，Diester & Tudusciuc，2006；De Cruz，2008）区分基数，即感知非常小的集合的简单数量。这种能力有利于觅食、狩猎等活动。这种能力随着直立姿势解放了双手，以及随后的某些文化实践而得到增强，结果我们能够构建更复杂的功能。而与基本数论相比：

离散的数学运算表现出文化和个体差异；罗马数字和阿拉伯数字有很大区别。离散操作受口头指示（它们实际上取决于语言）影响；一个人必须学会数数，而无须学会认数。数学取决于如何推理的文化规范（数学规范）。执行精确数学计算的能力取决于公共的表征系统及其管理规范（Menary，2013，363）。

Husserl 把我们带回到这一点。他的问题是：不变的几何原理和规则如何"以无条件的普遍性适用于所有人"（1982b，179）？在他看来，规则超越了物质条件和实际应用，正是这个过程产生了人类动物的理性。然而，从不同的角度看，我们可以说，虽然规则指导实践，但在某些情况下，实践可能会超越规则。一个训练有素的专家可能不是通过思考规则或反思决定下一步要采取的步骤进行数学计算的，而是通过让她的手以习惯的方式在纸、黑板或键盘上移动——移动手来表达一个数学符号，就像石匠可以准确抓住合适的石头一样。解决问题的策略可能会出现在特定的手势或笔画中——这与儿童可能会用手势表示数学问题的正确答案而不是用声音说出正确答案的现象非常相似（Goldin-Meadow，1999）。与仍在学习的孩子相比，专家只是让她的手起主导作用。再一次，理性不仅存在于头脑中，而且存在于手中，更普遍地存在于身体中。

我们可以通过比较解剖学，不仅是大脑的解剖学（Dehaene，2009，191），还包括整个身体的解剖学，从文化的贡献中提炼出演化的贡献。Dehaene（1997，2004）强调文化学习可以涉及"神经元循环"，它将我们与进化相关的初始功能转变为与当前文化背景相关的新功能，而文化学习同样改变了身体实践、技能和环境支架，创造了新的可供性空间。这种元可塑性支持了隐喻转换的可能性（同见 Lakoff，Johnson & Núñez），它可以提供一种方法来理解基本的身体运动和体验如何转变为更抽象的概念模式。我们对空间和空间区分（"左"和"右"）的基于身体的、以自我为中心的经验，确实可以为逻辑或政治景观上更抽象的概念区分提供材料。为了解释为什么我们有动力做出这样的区分，而不是保持存在的字面意义，我们可以求助于可供性的概念。

抽象概念为我们提供了认知可供性——组织我们的思想、完成论证的下一步、设计模型、解决问题的可能性。这同样适用于几何和数学。正如我们可以将身体的运动可能性理解为追踪在特定环境中发现的物理可供性一样，几何学和数学的原理、规则和运算使我们能够解决问题，在抽象的层次进行交流，建立知识模型，建造石墙和摩天大楼，从而改变我们的环境。所有这些也都被纳入身体过程的循环，重新塑造我们的生活和思想。

参考文献

Abrams, R. A., Davoli, C. C., Du, F., Knapp, W. J., and Paull, D. 2008. Altered vision near the hands. *Cognition* 107: 1035 – 47.

Adams, F. and Aizawa, K. 2001. The bounds of cognition. *Philosophical Psychology* 14 (1): 43 – 64.

Adams, F. and Aizawa, K. 2008. *The Bounds of Cognition*. Malden, MA: Blackwell.

Adams, F. and Aizawa, K. 2009. Why the mind is still in the head. In P. Robbins and M. Aydede (eds.), *The Cambridge Handbook for Situated Cognition* (78 – 95). New York: Cambridge University Press.

Adams, F. and Aizawa, K. 2010. The value of cognitivism in thinking about extended cognition. *Phenomenology and the Cognitive Sciences* 9 (4): 579 – 603.

Aizawa, K. 2014. The enactivist revolution. *Avant* 5 (2): 1 – 24. DOI: 10. 12849/50202014. 0109. 0002.

Aizawa, K. 2010. The coupling-constitution fallacy revisited. *Cognitive Systems Research* 11: 332 – 42.

Alibali, M. W. and DiRusso, A. A. 1999. The function of gesture in learning to count: More than keeping track. *Cognitive Development* 14 (1): 37 – 56.

Alsmith, A. J. T. and Vignemont, de F. 2012. Embodying the mind and representing the body. *Review of Philosophy and Psychology* 3 (1): 1 – 13.

Anderson, M. L. 2010. Neural reuse: A fundamental reorganizing principle of the brain. *Behavioral and Brain Sciences* 33: 245 – 66.

Anderson, M. L. 2014. *After Phrenology: Neural Reuse and the Interactive Brain*. Cambridge, MA: MIT Press.

Andres, M., Seron, X., and Oliver, E. 2007. Contribution of hand motor circuits to counting. *Journal of Cognitive Neuroscience* 19: 563 – 76.

Ansari, D. 2008. Effects of development and enculturation on number representation in the brain. *Nature Reviews: Neuroscience* 9 (4): 278 – 91.

Anscombe, G. E. M. 1957. *Intention*. Oxford: Blackwell.

Ansuini, C., Giosa, L., Turella, L., Altoè, G. M., and Castiello, U. 2008. An object for an action, the same object for other actions: Effects on hand shaping. *Experimental Brain Research* 185: 111 – 19.

Ansuini, C., Santello, M., Massaccesi, S., and Castiello, U. 2006. Effects of endgoal on hand shaping. *Journal of Neurophysiology* 95: 2456 – 65.

Antell, S. E. and Keating, D. P. 1983. Perception of numerical invariance in neonates. *Child Development* 54 (3): 695 – 701.

Apperly, I. A. and Butterfill, S. A. 2009. Do humans have two systems to track beliefs and belief-like states? *Psychological Review* 116 (4): 953 – 70.

Aranyosi, I. 2013. *The Peripheral Mind: Philosophy of Mind and the Peripheral Nervous System*. Oxford: Oxford University Press.

Arbib, M. A. 2005. From monkey-like action recognition to human language: An evolutionary framework for neurolinguistics. *Behavioral and Brain Sciences* 28: 105 – 24.

Arendt, H. 1958. *The Human Condition*. Chicago: University of Chicago Press.

Aristotle. 350 BCE. *On the Parts of Animals*. Trans. W. Ogle (http: //classics. mit. edu/ Aristotle/ parts_ animals. html) .

Augustine. 395. *De libero arbitrio voluntatis/ On the Free Choice of the Will*. Trans. A. S. Benjamin and L. H. Hackstaff. Indianapolis: Bobbs-Merrill.

Aydin, C. 2013. The artifactual mind: Overcoming the ' inside-outside' dualism in the extended mind thesis and recognizing the technological dimension of cognition. *Phenomenology and the Cognitive Sciences* 14 (1): 73 – 94.

Bach, K. 1978. A representational theory of action. *Philosophical Studies* 34: 361 – 79.

Bakker, F. C., Boschker, M., and Chung, T. 1996. Changes in muscular activity while imagining weight lifting using stimulus or response propositions. *Journal of Sport Exercise Psychology* 18: 313 – 24.

Ballard, D. H., Hayhoe, M. M., Pook, P. K., and Rao, R. P. N. 1997. Deictic codes for the embodiment of cognition. *Behavioral and Brain Sciences* 20 (4): 723 – 67.

Barrett, L. F. and Bar, M. 2009. See it with feeling: Affective predictions during object perception. *Philosophical Transactions of the Royal Society of London*. Series B, Biological Sciences, 364 (1521): 1325 – 34.

Barrett, L. F. and Bliss-Moreau, E. 2009. Affect as a psychological primitive. *Advances in Experimental Social Psychology* 41: 167 – 218.

Barsalou, L. W. 1999. Perceptual symbol systems. *Behavioral and Brain Sciences* 22: 577 – 660.

Barsalou, L. W. 2008. Grounded cognition. Annual Review *Psychology* 59: 617 – 45.

Bauermeister, M. 1964. The effect of body tilt on apparent verticality, apparent body position and their relation. *Journal of Experimental Psychology* 67: 142 – 7.

Bayliss, A. P., Frischen, A., Fenske, M. J., and Tipper, S. P. 2007. Affective evaluations of objects are influenced by observed gaze direction and emotional expression. *Cognition* 104 (3): 644 – 53.

Bayliss, A. P., Paul, M. A., Cannon, P. R., and Tipper, S. P. 2006. Gaze cueing and affective judgments of objects: I like what you look at. *Psychonomic Bulletin and Review* 13 (6): 1061 – 6.

Becchio, C., Manera, V., Sartori, L., Cavallo, A., and Castiello, U. 2012. Grasping intentions: From thought experiments to empirical evidence. *Frontiers in Human Neuroscience* 6: 1 – 6.

Bechara, A., Damasio, H., Tranel, D., and Damasio, A. R. 1997. Deciding advantageously before knowing the advantageous strategy. *Science* 275 (5304): 1293 – 5.

Bedny, M. and Caramazza, A. 2011. Perception, action, and word meanings in the human brain: The case from action verbs. *Annals of the New York Academy of Sciences* 1224: 81 – 95.

Beer, R. D. 2000. Dynamical approaches to cognitive science. Trends in Cognitive *Sciences* 4 (3): 91 – 9.

Bennett, K. 2004. Spatio-temporal coincidence and the grounding problem. *Philosophical Studies* 118 (3): 339 – 71.

Bennett, K. 2011. Construction area (no hard hat required). *Philosophical Studies* 154: 79 – 104.

Bennett, M. R. and Hacker, P. M. S. 2003. *Philosophical Foundations of Neuroscience*. Oxford: Blackwell.

Bergson, H. 2001. *Time and Free Will*. Trans. F. L. Pogson. Mineola, NY: Dover Publications.

Berthoz, A. 2000. *The Brain's Sense of Movement*. Cambridge, MA: Harvard University Press.

Berthoz, A. and Petit, J-L. 2006. *Phénoménologie et physiologie de l'action*. Paris: Odile Jacob.

Block, N. 2001. Behaviorism revisited. *Behavioral and Brain Sciences* 24 (5): 977 – 8.

Block, N. 2005. Book review: *Action in Perception* by Alva Noë. *Journal of Philosophy* 102 (5): 259 – 72.

Botvinick, M. and Cohen, J. 1998. Rubber hands 'feel' touch that eyes see. *Nature* 391: 756.

Bower, M. and Gallagher, S. 2013. Bodily affectivity: Prenoetic elements in enactive perception. *Phenomenology and Mind* 2: 108 – 31.

Brandom, R. B. 1994. *Making It Explicit: Reasoning, Representing, and Discursive Commitment.* Cambridge, MA: Harvard University Press.

Brandom, R. B. 2000. *Articulating Reasons: An Introduction to Inferentialism.* Cambridge, MA: Harvard University Press.

Brandom, R. B. 2008. *Between Saying and Doing: Towards an Analytic Pragmatism.* Oxford: Oxford University Press.

Bredekamp, H. 2001. Gazing hands and blind spots: Galileo as draftsman. In J. Renn (ed.), *Galileo in Context* (153 – 92). Cambridge: Cambridge University Press.

Bredekamp, H. 2007. *Galilei der Künstler. Die Zeichnung, der Mond, die Sonne.* Berlin: Akademie-Verlag.

Bremmer, J. 1992. Walking, standing and sitting in ancient Greek culture. In J. Bremmer and H. Roodenburg (eds.), *A Cultural History of Gesture* (15 – 35). Oxford: Polity Press.

Brentano, F. 2008. *Psychologie vom empirischen Standpunkte. Von der Klassifikation der psychischen Phänomene* [1862]. Ed. Mauro Antonelli. Heusenstamm: Ontos.

Brincker, M. 2014. Navigating beyond 'here & now' affordances—on sensorimotor maturation and 'false belief' performance. *Frontiers in Psychology* 5: 1433. DOI: 10. 3389/fpsyg. 2014. 01433.

Bronowski, J. 1975. *The Ascent of Man.* New York: Little, Brown, and Co.

Brooks, R. 1991. Intelligence without representation. *Artificial Intelligence* 47: 139 – 59.

Bruineberg, J. and Rietveld, E. 2014. Self-organization, free energy minimization, and optimal grip on a field of affordances. *Frontiers in Human Neuroscience,* 8. DOI: 10. 3389/fnhum. 2014. 00599.

Bruineberg, J., Kiverstein, J., and Rietveld, E. 2016. The anticipating brain is not a scientist: The free-energy principle from an enactive perspective. *Synthese.* DOI: 10. 1007/s11229 – 016 – 1239 – 1.

Bruner, J. 1966. *Toward a Theory of Instruction.* Cambridge, MA: Harvard University Press.

Bruner, J. S. 1961. *After John Dewey, What?* New York: Bank Street College of Education.

Buccino, G., Lui, F., Canessa, N., Patteri, I., Lagravinese, G., Benuzzi, F., Porro, C. A., and Rizzolatti, G. 2004. Neural circuits involved in the recognition of actions performed by non-conspecifics: An fMRI study. *Journal of Cognitive Neuroscience* 16 (1): 114 – 26.

Burge, T. 2010. Origins of perception. Paper presented as the First 2010 Jean *Nicod Prize Lecture*. Paris, 14 June.

Burke, F. T. 2013. *What Pragmatism Was.* Bloomington: Indiana University Press.

Burke, F. T. 2014. Extended mind and representation. In J. R. Shook and T. Solymosi (eds.), *Pragmatist Neurophilosophy: American Philosophy and the Brain* (177 – 203). London: Bloomsbury Academic.

Butterworth, G. and Hopkins, B. 1988. Hand-mouth coordination in the newborn baby. *British Journal of Developmental Psychology* 6: 303 – 14.

Cabanis, P. 1802. *Rapports du physique et du moral de l'homme,* 2 vols. Paris: Crapart, Caille, et Ravier.

Cagli, R. C., Coraggio, P., Napoletano, P., and Boccignone, G. 2007. What the draughtsman's hand tells the draughtsman's eye: A sensorimotor account of drawing. *International Journal of Pattern Recognition and Artificial Intelligence* 22 (5): 1015 – 29.

Campos, J. J., Bertenthal, B. I., and Kermoian, R. 1992. Early experience and emotional development: The emergence of wariness of heights. *Psychological Science* 3: 61 – 4.

Carpenter, W. B. 1874. *Principles of Mental Physiology, with their Applications to the Training and Discipline of the Mind, and the Study of its Morbid Conditions.* London: Henry S. King & Co.

Carruthers, P. 2015. Perceiving mental states. *Consciousness and Cognition* 36: 498 – 507.

Casasanto, D. and Dijkstra, K. 2010. Motor action and emotional memory. *Cognition* 115 (1): 179 – 85.

Casey, E. S. 2000. *Imagining: A Phenomenological Study.* Bloomington: Indiana University Press.

Cash, M. 2008. Thoughts and oughts. *Philosophical Explorations* 11 (2): 93 – 119.

Cash, M. 2009. Normativity is the mother of intentionality: Wittgenstein, normative practices and neurological representations. *New Ideas in Psychology* 27: 133 – 47.

Cash, M. 2010. Extended cognition, personal responsibility, and relational autonomy. *Phenom-*

enology and the Cognitive Sciences 9 (4): 645 – 71.

Catmur, C., Walsh, V., and Heyes, C. 2007. Sensorimotor learning configures the human mirror system. *Current Biology* 17: 1527 – 31.

Chemero, A. 2000. Anti-representationalism and the dynamical stance. *Philosophy of Science* 67 (4): 625 – 47.

Chemero, A. 2009. *Radical Embodied Cognitive Science*. Cambridge, MA: MIT Press.

Chen, S. and Bargh, J. A. 1999. Consequences of automatic evaluation: Immediate behavior predispositions to approach or avoid the stimulus. *Personality and Social Psychology Bulletin* 25: 215 – 24.

Chiel, H. and Beer, R. 1997. The brain has a body: Adaptive behavior emerges from interactions of nervous system, body and environment. *Trends in Neuroscience* 20: 553 – 7.

Chisholm, R. 1964. Human freedom and the self. The Langley Lecture, 1964. University of Kansas. Reprinted in J. Feinberg and R. Shafer-Landau (eds.), *Reason and Responsibility: Readings in Some Basic Problems of Philosophy,* 11th ed. (492 – 9). New York: Wadsworth, 2002.

Church, R. M. and Meck, W. H. 1984. The numerical attribute of stimuli. In H. L. Roitblat, T. G. Beaver, and H. S. Terrace (eds.), *Animal Cognition* (445 – 64). Hillsdale, NJ: Erlbaum.

Churchland, P. S., Ramachandran, V. S., and Sejnowski, T. J. 1994. A critique of pure vision. In C. Koch and J. L. Davis (eds.), *Large-Scale Neuronal Theories of the Brain.* Cambridge, MA: MIT Press.

Clark, A. 1997. *Being There: Putting Brain, Body, and World Together Again.* Cambridge, MA: MIT Press.

Clark, A. 1999. An embodied cognitive science? *Trends in Cognitive Sciences* 3 (9): 345 – 51.

Clark, A. 2008a. *Supersizing the Mind: Reflections on Embodiment, Action, and Cognitive Extension.* Oxford: Oxford University Press.

Clark, A. 2008b. Pressing the flesh: A tension on the study of the embodied, embedded mind. *Philosophy and Phenomenological Research* 76: 37 – 59.

Clark, A. 2013a. Whatever next? Predictive brains, situated agents, and the future of cognitive science. *Behavioral and Brain Sciences* 36 (3): 181 – 204.

Clark, A. 2013b. Gesture as thought? In Z. Radman (ed.), *The Hand, an Organ of the Mind:*

What the Manual Tells the Mental (255 – 68). Cambridge: MIT Press.

Clark, A. 2015. Radical predictive processing. *Southern Journal of Philosophy,* 53 (S1): 3 – 27.

Clark, A. 2016a. *Surfing Uncertainty: Prediction, Action, and the Embodied Mind.* Oxford: Oxford University Press.

Clark, A. 2016b. Busting out: Predictive brains, embodied minds, and the puzzle of the evidentiary veil. *Noûs.* Published online. DOI: 10. 1111/nous. 12140.

Clark, A. and Chalmers, D. 1998. The extended mind. *Analysis* 58 (1): 7 – 19.

Clark, A. and Grush, R. 1999. Towards a cognitive robotics. *Adaptive Behavior* 7 (1): 5 – 16.

Clark, A. and Toribio, J. 1994. Doing without representing? *Synthese* 101: 401 – 31.

Clowes, R. and Mendonça, D. 2016. Representation redux: Is there still a useful role for representation to play in the context of embodied, dynamicist and situated theories of mind? *New Ideas in Psychology* 40: 26 – 47.

Clune, M. 2013. *Writing Against Time.* Stanford: Stanford University Press.

Cole, J., Gallagher, S., and McNeill, D. 2002. Gesture following deafferentation: A phenomenologically informed experimental study. *Phenomenology and the Cognitive Sciences* 1 (1): 49 – 67.

Colombetti, G. 2007. Enactive appraisal. *Phenomenology and the Cognitive Sciences* 6: 527 – 46.

Colombetti, G. 2013. *The Feeling Body: Affective Science Meets the Enactive Mind.* Cambridge, MA: MIT Press.

Cosmelli, D. and Thompson, E. 2010. Embodiment or envatment? Reflections on the bodily basis of consciousness. In J. Stewart, O. Gapenne, and E. A. Di Paolo (eds.), *Enaction: Toward a New Paradigm for Cognitive Science* (361 – 85). Cambridge, MA: MIT Press.

Coventry, K. R., Valdés, B., Castillo, A., and Guijarro-Fuentes, P. 2008. Language within your reach: Near-far perceptual space and spatial demonstratives. *Cognition* 108: 889 – 95.

Craig, A. D. 2002. How do you feel? Interoception: The sense of the physiological condition of the body. *Nature Reviews Neuroscience* 3: 655 – 66.

Crane, T. 1998. Intentionality as the mark of the mental. In A. O'Hear (ed.), *Contemporary Issues in the Philosophy of Mind.* Royal Institute of Philosophy Supplement 43 (229 – 51). Cambridge: Cambridge University Press.

Crane, T. 2009. Is perception a propositional attitude? *Philosophical Quarterly* 59 (236):

452 – 69.

Csibra, G. 2005. Mirror neurons and action observation. Is simulation involved? ESF *Interdisci-plines*. https://pdfs. semanticscholar. org/f1ec/4f02190061b90ca531d900c22e413bc66015. pdf (accessed April 6, 2017).

Csibra, G. and Gergely, G. 2009. Natural pedagogy. *Trends in Cognitive Sciences* 13: 148 – 53.

Currie, G. 2004. *Arts and Minds. Cambridge:* Cambridge University Press.

Currie, G. and Ravenscroft, I. 2002. *Recreative Minds: Imagination in Philosophy and Psychol-ogy.* Oxford: Oxford University Press.

Damasio, A. 1994. *Descartes Error: Emotion, Reason, and the Human Brain.* New York: G. P. Putnam.

Danziger, S., Levav, J., and Avnaim – Pesso, L. 2011. Extraneous factors in judicial decisions. *Proceedings of the National Academy of Sciences* 108 (17): 6889 – 92.

Darwin, C. 1874. *The Descent of Man, and Selection in Relation to Sex,* 2nd ed. London: John Murray.

Davidson, D. 1980. *Essays on Actions and Events.* Oxford: Clarendon Press.

Dawkins, R. 1982. *The Extended Phenotype.* Oxford: Oxford University Press.

De Cruz, H. 2008. An extended mind perspective on natural number representation. *Philo-sophical Psychology* 21 (4): 475 – 90.

De Jaegher, H. and Di Paolo, E. 2007. Participatory sense – making: An enactive approach to social cognition. *Phenomenology and the Cognitive Sciences* 6: 485 – 507.

De Jaegher, H., Di Paolo, E., and Gallagher, S. 2010. Does social interaction constitute social cognition? *Trends in Cognitive Sciences* 14 (10): 441 – 7.

Deacon, T. W. 1997. *The Symbolic Species: The Co – evolution of Language and the Brain. New York:* W. W. Norton.

Debruille, J. B., Brodeur, M. B., and Porras, C. F. 2012. N300 and social affordances: A study with a real person and a dummy as stimuli. PLoS ONE 7 (10): e47922.

Dehaene, S. 1997. *The Number Sense: How the Mind Creates Mathematics.* London: Penguin.

Dehaene, S. 2004. Evolution of human cortical circuits for reading and arithmetic: The ' neuro-nal recycling' hypothesis. In S. Dehaene, J. R. Duhamel, M. Hauser, and G. Rizzolatti (eds.), *From Monkey Brain to Human Brain* (133 – 57). Cambridge, MA: MIT Press.

Dehaene, S. 2009. *Reading in the Brain: The Science and Evolution of a Human Invention.*

New York: Viking.

Dehaene, S. and Cohen, L. 2007. Cultural recycling of cortical maps. *Neuron* 56 (2): 384 – 98.

Della Sala, S. 2000. Anarchic hand: The syndrome of disowned actions. Paper presented at *The BA Festival of Science.*

Della Sala, S., Marchetti, C., and Spinnler, H. 1994. The anarchic hand: A frontomesial sign. In G. Boller and J. Grafman (eds.), *Handbook of Neuropsychology,* Vol. 9 (233 – 55). Amsterdam: Elsevier.

Deloison, Y. 2004. *Préhistoire du piéton. Essai sur les nouvelles origines de l'homme.* Paris: Plon.

Dennett, D. 1971. Intentional systems. *Journal of Philosophy* 68 (4): 87 – 106.

Dennett, D. 1987. *The Intentional Stance.* Cambridge, MA: MIT Press.

Dennett, D. 1991. *Consciousness Explained.* Boston: Little, Brown, & Co.

Dennett, D. 2003. *Freedom Evolves.* New York: Viking.

Descartes, R. 1649. *The Passions of the Soul.* Indianapolis: Hackett, 1989.

deVries, J. I. P., Visser, G. H. A., and Prechtl, H. F. R. 1984. Fetal motility in the first half of pregnancy. In H. F. R. Prechtl (ed.), *Continuity of Neural Functions from Prenatal to Postnatal Life* (46 – 64). London: Spastics International Medical Publications.

Dewey, J. 1894. The theory of emotion: I: Emotional attitudes. *Psychological Review* 1 (6): 553.

Dewey, J. 1895. The theory of emotion: II: The significance of emotions. *Psychological Review* 2 (1): 13.

Dewey, J. 1896. The reflex arc concept in psychology. *Psychological Review* 3 (4): 357 – 70.

Dewey, J. 1916. *Essays in Experimental Logic.* Chicago: University of Chicago Press.

Dewey, J. 1934. *Art as Experience.* New York: Perigee/Berkley.

Dewey, J. 1938a. *Logic: The Theory of Inquiry.* NewYork: Holt, Rinehart, & Winston.

Dewey, J. 1938b. *Experience and Education.* New York: Macmillan.

Dinstein, I., Thomas, C., Behrmann, M., and Heeger, D. J. 2008. A mirror up to nature. *Current Biology* 18 (1): R13 – R18.

Di Paolo, E. A. 2005. Autopoiesis, adaptivity, teleology, agency. *Phenomenology and the Cognitive Sciences* 4 (4): 429 – 52.

Di Paolo, E. A., Buhrmann, T., and Barandiaran, X. E. 2017. *Sensorimotor Life: An Enactive Proposal.* Oxford: Oxford University Press.

Di Paolo, E. A., Rohde, M., and De Jaegher, H. 2010. Horizons for the enactive mind: Values, social interaction, and play. In J. Stewart, O. Gapenne, and E. A. Di Paolo (eds.), *Enaction: Toward a New Paradigm for Cognitive Science* (33 – 87). Cambridge, MA: MIT Press.

Dominey, P. F., Prescott, T., Bohg, J., Engel, A. K., Gallagher, S., Heed, T., Hoffmann, M., Knoblich, G., Prinz, W., and Schwartz, A. 2016. Implications of action-oriented paradigm shifts in cognitive science. In Where's the Action? *The Pragmatic Turn in Cognitive Science* (333 – 56). Cambridge, MA: MIT Press.

Domínguez, J. F., Lewis, E. D., Turner, R., and Egan, G. F. 2009. The brain in culture and culture in the brain: A review of core issues in neuroanthropology. *Progress in Brain Research* 178: 43 – 64.

Dreyfus, H. 2002. Intelligence without representation: Merleau-Ponty's critique of mental representation. *Phenomenology and the Cognitive Sciences* 1 (4): 367 – 83.

Dreyfus, H. L. 1992. *What Computers Still Can't Do: A Critique of Artificial Reason.* Cambridge, MA: MIT Press.

Dreyfus, H. L. 2005. Overcoming the myth of the mental: How philosophers can profit from the phenomenology of everyday expertise. In *Proceedings and Addresses of the American Philosophical Association* (47 – 65). Newark, DE: American Philosophical Association.

Dreyfus, H. L. 2007a. Why Heideggerian AI failed and how fixing it would require making it more Heideggerian. *Philosophical Psychology* 20 (2): 247 – 68.

Dreyfus, H. L. 2007b. The return of the myth of the mental. *Inquiry: An Interdisciplinary Journal of Philosophy* 50 (4): 352 – 65.

Durgin, F. H., Baird, J. A., Greenburg, M., Russell, R., Shaughnessy, K., and Waymouth, S. 2009. Who is being deceived? The experimental demands of wearing a backpack. *Psychonomic Bulletin and Review* 16: 964 – 9.

Durgin F. H., Klein, B., Spiegel, A., Strawser, C. J., and Williams, M. 2012. The social psychology of perception experiments: Hills, backpacks, glucose and the problem of generalizability. *Journal of Experimental Psychology: Human Perception and Performance* 38: 1582 – 95.

Eilan, N. 2003. The explanatory role of consciousness in action. In S. Maasen, W. Prinz, and

G. Roth (eds.), *Voluntary Action: Brains, Minds, and Society* (188 – 201). Oxford: Oxford University Press.

Elfenbein, H. A. and Ambady, N. 2002a. Is there an in-group advantage in emotion recognition? *Psychological Bulletin* 128: 243 – 9.

Elfenbein, H. A. and Ambady, N. 2002b. On the universality and cultural specificity of emotion recognition: A meta-analysis. *Psychological Bulletin* 128: 203 – 35.

Elfenbein, H. A. and Ambady, N. 2003. When familiarity breeds accuracy: Cultural exposure and facial emotion recognition. *Journal of Personal and Social Psychology* 85: 276 – 90.

Elfenbein, H. A., Beaupré, M., Lévesque, M., and Hess, U. 2007. Toward a dialect theory: Cultural differences in the expression and recognition of posed facial expressions. *Emotion* 7: 131 – 46.

Elias, J. and Gallagher, S. 2014. Word as object: A view of language at hand. *Journal of Cognition and Culture* 14 (5): 373 – 84.

Ellis, R. 2005. *Curious Emotions: Roots of Consciousness and Personality in Motivated Action. Philadelphia*: John Benjamins.

Engel, A. K. 2010. Directive minds: How dynamics shapes cognition. In J. Stewart, O. Gapenne, and E. Di Paolo (eds.), *Enaction: Towards a New Paradigm for Cognitive Science* (219 – 43). Cambridge: MIT Press.

Engel, A. K., Maye, A., Kurthen, M., and König, P. 2013. Where's the action? The pragmatic turn in cognitive science. *Trends in Cognitive Sciences* 17 (5): 202 – 9.

Farnè, A., Iriki, A., and Làdavas, E. 2005. Shaping multisensory action-space with tools: Evidence from patients with cross-modal extinction. *Neuropsychologia* 43: 238 – 48.

Fink, P. W., Foo, P. S., and Warren, W. H. 2009. Catching fly balls in virtual reality: A critical test of the outfielder problem. *Journal of Vision* 9 (13): 1 – 8.

Firestone, C. and Scholl, B. J. 2015. Cognition does not affect perception: Evaluating the evidence for ' top-down' effects. *Behavioral and Brain Sciences* 39, 1 – 77.

Fischer, M. H., Prinz, J., and Lotz, K. 2008. Grasp cueing shows obligatory attention to action goals. *Quarterly Journal of Experimental Psychology* 61 (6): 860 – 8.

Fitch, W. T. 2012. Evolutionary developmental biology and human language evolution: Constraints on adaptation. *Evolutionary Biology* 39 (4): 613 – 37.

Flexman, J. E., Demaree, R. G., and Simpson, D. D. 1974. Respiratory phase and visual signal detection. *Perception and Psychophysics* 16 (2): 337 – 9.

Fodor, J. A. and Pylyshyn, Z. W. 1981. How direct is visual perception? Some reflections on Gibson's 'ecological approach'. *Cognition* 9 (2): 139 – 96.

Foglia, L. and Grush, R. 2011. The limitations of a purely enactive (nonrepresentational) account of imagery. *Journal of Consciousness Studies* 18 (5 – 6): 35 – 43.

Freund, P., Friston, K., Thompson, A. J., Stephan, K. E., Ashburner, J., Bach, D. R., ... and Weiskopf, N. 2016. Embodied neurology: An integrative framework for neurological disorders. *Brain.* Published online. DOI: 10. 1093/brain/aww076 1855 – 1861.

Frijda, N. H. 1986. The Emotions: *Studies in Emotions and Social Interactions.* New York: Cambridge University Press.

Friston, K. 2005. A theory of cortical responses. *Philosophical Transactions of the Royal Society of London.* Series B, Biological Sciences, 360 (1456): 815 – 36.

Friston, K. 2009. The free-energy principle: A rough guide to the brain? *Trends in Cognitive Sciences* 13 (7): 293 – 301.

Friston, K. 2010. The free-energy principle: A unified brain theory? *Nature Reviews Neuroscience* 11 (2): 127 – 38.

Friston, K. 2011. Embodied inference: Or 'I think therefore I am, if I am what I think'. In W. Tschacher and C. Bergomi (eds.), *The Implications of Embodiment (Cognition and Communication)* (89 – 125). Exeter: Imprint Academic.

Friston, K. 2012. Prediction, perception and agency. *International Journal of Psychophysiology* 83 (2): 248 – 52.

Friston, K. 2013a. Life as we know it. *Journal of the Royal Society Interface* 10 (86). DOI: 10. 1098/rsif. 2013. 0475.

Friston, K. 2013b. Active inference and free energy. *Behavioral and Brain Sciences* 36: 212 – 13.

Friston, K. and Frith, C. 2015. A duet for one. *Consciousness and Cognition* 36: 390 – 405.

Friston, K., Adams, R. A., Perrinet, L., and Breakspear, M. 2012. Perceptions as hypotheses: Saccades as experiments. *Frontiers in Psychology*, 3. DOI: 10. 3389/fpsyg. 2012. 00151.

Friston, K., Kilner, J., and Harrison, L. 2006. A free energy principle for the brain. *Journal of Physiology* (Paris) 100: 70 – 87.

Friston, K., Mattout, J., and Kilner, J. 2011. Action understanding and active inference. *Bio-*

logical Cybernetics 104 (1 – 2) : 137 – 60.

Froese, T. and Gallagher, S. 2012. Getting IT together: Integrating developmental, phenomeno-
logical, enactive and dynamical approaches to social interaction. *Interaction Studies* 13 (3) :
434 – 66.

Gallagher, S. 2001. The practice of mind: Theory, simulation, or primary interaction? *Journal
of Consciousness Studies* 8 (5 – 7) : 83 – 107.

Gallagher, S. 2005a. *Howthe Body Shapes theMind.* Oxford: Oxford University Press.

Gallagher, S. 2005b. Metzinger's matrix: Living the virtual life with a real body. *Psyche* 11
(5) : 1 – 9.

Gallagher, S. 2007. Simulation trouble. *Social Neuroscience* 2 (3 – 4) : 353 – 65.

Gallagher, S. 2008a. Are minimal representations still representations? *International Journal
of Philosophical Studies* 16 (3) : 351 – 69.

Gallagher, S. 2008b. Direct perception in the intersubjective context. *Consciousness and Cog-
nition* 17: 535 – 43.

Gallagher, S. 2008c. Inference or interaction: Social cognition without precursors. *Philosophi-
cal Explorations* 11 (3) : 163 – 73.

Gallagher, S. 2008d. Neural simulation and social cognition. In J. A. Pineda (ed.), *Mirror
Neuron Systems: The Role of Mirroring Processes in Social Cognition* (355 – 71). Totowa,
NJ: Humana Press.

Gallagher, S. 2009. Two problems of intersubjectivity. *Journal of Consciousness Studies* 16
(6 – 8) : 289 – 308.

Gallagher, S. 2011. Time in action. *Oxford Handbook on Time* (419 – 37). Ed. C. Callender.
Oxford: Oxford University Press.

Gallagher, S. 2012. Multiple aspects of agency. *New Ideas in Psychology* 30: 15 – 31.

Gallagher, S. 2013a. The socially extended mind. *Cognitive Systems Research* 25 – 6: 4 – 12.

Gallagher, S. 2013b. A pattern theory of self. *Frontiers in Human Neuroscience* 7 (443) : 1 – 7.
DOI: 10. 3389/fnhum. 2013. 00443.

Gallagher, S. 2015. Doing the math: Calculating the role of evolution and enculturation in
the origins of mathematical reasoning. *Progress in Biophysics and Molecular Biology* 119:
341 – 6.

Gallagher, S. 2016. Timing is not everything: The intrinsic temporality of action. In R. Altshuler (ed.), *Time and the Philosophy of Action* (203 – 21). London: Routledge.

Gallagher, S. and Aguda, B. 2015. The embodied Phenomenology of phenomenology. *Journal of Consciousness Studies* 22 (3 – 4): 93 – 107.

Gallagher, S. and Allen, M. 2016. Active inference, enactivism and social cognition. *Synthese.* DOI: 10. 1007/s11229 – 016 – 1269 – 8.

Gallagher, S. and Cole, J. 1995. Body schema and body image in a deafferented subject. *Journal of Mind and Behavior* 16: 369 – 90.

Gallagher, S. and Hutto, D. 2008. Understanding others through primary interaction and narrative practice. In J. Zlatev, T. P. Racine, C. Sinha, and E. Itkonen (eds.), *The Shared Mind: Perspectives on Intersubjectivity* (17 – 38). Amsterdam: John Benjamins.

Gallagher, S., Hutto, D. D., Slaby, J., and Cole, J. 2013. The brain as part of an enactive system. *Behavioral and Brain Sciences* 36 (4): 421 – 2.

Gallagher, S. and Lindgren, R. 2015. Enactive metaphors: Learning through fullbody engagement. *Educational Psychology Review* 27 (3): 391 – 404.

Gallagher, S. and Marcel, A. J. 1999. The self in contextualized action. *Journal of Consciousness Studies* 6 (4): 4 – 30.

Gallagher, S. and Meltzoff, A. 1996. The earliest sense of self and others: Merleau-Ponty and recent developmental studies. *Philosophical Psychology* 9: 213 – 36.

Gallagher, S. and Varela, F. 2003. Redrawing the map and resetting the time: Phenomenology and the cognitive sciences. *Canadian Journal of Philosophy.* Supplementary Volume 29: 93 – 132.

Gallagher, S. and Varga, S. 2014. Social constraints on the direct perception of emotions and intentions. *Topoi* 33 (1): 185 – 99.

Gallagher, S. and Zahavi, D. 2014. Primal impression and enactive perception. In D. Lloyd and V. Arstila (eds.), *Subjective Time: The Philosophy, Psychology, and Neuroscience of Temporality* (83 – 99). Cambridge, MA: MIT Press.

Gallagher, S., Reinerman, L., Janz, B., Bockelman, P., and Trempler, J. 2015. *A Neurophenomenology of Awe and Wonder: Towards a Non-reductionist Cognitive Science.* London: Palgrave-Macmillan.

Gallese, V. 2001. The 'shared manifold' hypothesis: From mirror neurons to empathy. *Journal of Consciousness Studies* 8: 33 – 50.

Gallese, V. 2007. Embodied simulation: From mirror neuron systems to interpersonal relations. In G. Bock and J. Goode (eds.) , *Empathy and Fairness,* Novartis Foundation Symposium, Vol. 278 (3 – 19) . Chichester: John Wiley & Sons.

Gallese, V. 2009. The two sides of mimesis: Girard's mimetic theory, embodied simulation and social identification. *Journal of Consciousness Studies* 16 (4) : 21 – 44.

Gallese, V. 2014. Bodily selves in relation: Embodied simulation as second-person perspective on intersubjectivity. *Philosophical Transactions of the Royal Society of London.* Series B, Biological Sciences, 369 (177) : 1 – 10. DOI: 10. 1098/rstb. 2013. 0177.

Gallese, V. and Goldman, A. 1998. Mirror neurons and the simulation theory of mind-reading. *Trends in Cognitive Sciences* 2: 493 – 501.

Gallese, V. and Sinigaglia, C. 2011. What is so special about embodied simulation? *Trends in Cognitive Sciences* 15 (11) : 512 – 19.

Garfinkel, S., Minati, L., Gray, M. A., Seth, A. K., Dolan, R. J. and Critchley, H. D. 2014. Fear from the heart: Sensitivity to fear stimuli depends on individual heartbeats. *Journal of Neuroscience* 34 (19) : 6573 – 82.

Gaukroger, S. 1997. *Descartes: An Intellectual Biography.* Oxford: Clarendon.

Gazzaniga, M. 1998. *The Mind's Past. Berkeley:* University of California Press.

Gegenfurtner, K., Olkkonen, M., and Walter, S. 2006. Memory modulates color experience. *Nature Neuroscience* 9 (11) : 1367 – 8.

Georgieff, N. and Jeannerod, M. 1998. Beyond consciousness of external events: A ' Who' system for consciousness of action and self-consciousness. *Consciousness and Cognition* 7: 465 – 77.

Gibbard, A. 1975. Contingent identity. *Journal of Philosophical Logic* 4: 187 – 221.

Gibson, J. J. 1977. The theory of affordances. In R. Shaw and J. Bransford (eds.) , *Perceiving, Acting, and Knowing* (67 – 82) . Hillsdale, NJ: Erlbaum.

Glenberg, A. M. 2010. Embodiment as a unifying perspective for psychology. *Wiley Interdisciplinary Reviews: Cognitive Science* 1 (4) : 586 – 96.

Glenberg, A. M. and Kaschak, M. P. 2002. Grounding language in action. *Psychonomic Bulletin and Review* 9: 558 – 65.

Godfrey-Smith, P. 2001. On the status and explanatory structure of developmental systems theory. In P. E. Griffiths and R. D. Gray (eds.) , *Cycles of Contingency: Developmental Systems and Evolution* (283 – 98). Cambridge, MA: MIT Press.

Goh, J., Chee, M. W., Tan, J. C., Venkatraman, V., Hebrank, A., Leshikar, E. D., et al. 2007. Age and culture modulate object processing and object-scene binding in the ventral visual area. *Cognitive, Affective, and Behavioral Neurosciences* 7 (1): 44 – 52.

Goh, J. O. and Park, D. C. 2009. Culture sculpts the perceptual brain. *Progress in Brain Research* 178: 95 – 111.

Goldie, P. 2000. *The Emotions: A Philosophical Exploration. Oxford: Oxford* University Press.

Goldin-Meadow, S. 1999. The role of gesture in communication and thinking. *Trends in Cognitive Sciences*, 3: 419 – 29.

Goldin-Meadow, S., Kim, S., and Singer, M. 1999. What the teacher's hands tell the student's mind about math. *Journal of Educational Psychology* 91: 720 – 30.

Goldin-Meadow, S., Nusbaum, H., Kelly, S. D., and Wagner, S. 2001. Explaining math: Gesturing lightens the load. *Psychological Science* 12 (6): 516 – 22.

Goldman, A. I. 1970. *A Theory of Human Action.* New York: Prentice Hall.

Goldman, A. I. 2006. *Simulating Minds: The Philosophy, Psychology, and Neuroscience of Mindreading.* New York: Oxford University Press.

Goldman, A. I. 2012. A moderate approach to embodied cognitive science. *Review of Philosophy and Psychology* 3 (1): 71 – 88.

Goldman, A. I. 2014. The bodily formats approach to embodied cognition. In U. Kriegel (ed.), *Current Controversies in Philosophy of Mind* (91 – 108). New York and London: Routledge.

Goldman, A. I. and Vignemont, de F. 2009. Is social cognition embodied? *Trends in Cognitive Sciences* 13 (4): 154 – 9.

Goldstein, K. 1971. Über Zeigen und Greifen. In A. Gurwitsch, E. M. Goldstein, and W. E. Haudek (eds.), *Selected Papers/Ausgewählte Schriften.* The Hague: Martinus Nijhoff.

Goldstein, K. and Gelb, A. 1920. Über den Einfluss des vollständigen Verlustes des optischen Vorstellungsvermögens auf das taktile Erkennen. In A. Gelb and K. Goldstein (eds.), *Psychologische Analysen hirnpathologischer Fälle II* (157 – 250). Leipzig: Johann Ambrosius Barth Verlag.

Goldstein, K. and Scheerer, M. 1964. *Abstract and Concrete Behavior: An Experimental Study with Special Tests.* Evanston, IL: Northwestern University. Reprint of *Psychological Mono-*

graphs 53 (2), 1941.

Goodale, M. A. and Milner, A. D. 1992. Separate visual pathways for perception and action. *Trends in Neurosciences* 15 (1): 20 – 5.

Goodwin, C. 2000. Action and embodiment within situated human interaction. *Journal of Pragmatics* 32: 1489 – 1522.

Goodwin, C. 2007. Environmentally coupled gestures. In S. D. Duncan, J. Cassell and E. T. Levy (eds.), *Gesture and the Dynamic Dimension of Language* (195 – 212). Amsterdam: John Benjamins.

Goodwin, C. 2013. The co-operative, transformative organization of human action and knowledge. *Journal of Pragmatics* 46: 8 – 23.

Grush, R. 2004. The emulation theory of representation: Motor control, imagery, and perception. *Behavioral and Brain Sciences* 27: 377 – 442.

Grush, R. and Mandik, P. 2002. Representational parts. *Phenomenology and the Cognitive Sciences* 1 (4): 389 – 94.

Gutsell, J. N. and Inzlicht, M. 2010. Empathy constrained: Prejudice predicts reduced mental simulation of actions during observation of outgroups. *Journal of Experimental Social Psychology* 46: 841 – 5.

Hacking, I. 1995. The looping effects of human kinds. In D. Sperber, D. Premack, and A. J. Premack (eds.), *Causal Cognition: A Multidisciplinary Approach* (351 – 83). New York: Oxford University Press.

Haggard, P. 2003. Conscious awareness of intention and of action. In N. Eilan and J. Roessler (eds.), *Agency and Self-Awareness* (111 – 27). Oxford: Clarendon Press.

Haggard, P. and Libet, B. 2001. Conscious intention and brain activity. *Journal of Consciousness Studies* 8 (11): 47 – 64.

Handy, T. C., Grafton, S. T., Shroff, N. M., Ketay, S., and Gazzaniga, M. S. 2003. Graspable objects grab attention when the potential for action is recognized. *Nature Neuroscience* 6: 421 – 7.

Harcourt-Smith, W. E. H. 2007. The origins of bipedal locomotion. In W. Henke and I. Tattersall (eds.), *Handbook of Paleoanthropology*, Vol. III: Phylogeny of Hominids (1483 – 518). Berlin: Springer.

Harris, C. S. 1965. Perceptual adaptation to inverted, reversed, and displaced vision. *Psycho-*

logical Review 72: 419 – 44.

Hatfield, G. 2002. Perception as unconscious inference. In D. Heyer (ed.) , *Perception and the Physical World: Psychological and Philosophical Issues in Perception* (113 – 43). Chichester: John Wiley & Sons.

Haugeland, J. 1985. Artificial Intelligence: *The Very Idea.* Cambridge: MIT Press.

Haugeland, J. 1990. Intentionality all-stars. *Philosophical Perspectives* 4: 383 – 427. Reprinted in J. Haugeland, *Having Thought: Essays in the Metaphysics of Mind* (127 – 70). Cambridge, MA: Harvard University Press.

Hayes, A. E., Paul, M. A., Beuger, B., and Tipper, S. P. 2008. Self produced and observed actions influence emotion: The roles of action fluency and eye gaze. *Psychological Research* 72 (4): 461 – 72.

Head, H. 1920. *Studies in Neurology,* Vol 2. London: Oxford University Press.

Heck, D. H., McAfee, S. S., Liu, Y., Babajani-Feremi, A., Rezaie, R., Freeman, W. J., Wheless, J. W., Papanicolaou, A. C., Ruszinko, M., and Kozma, R. 2016. Cortical rhythms are modulated by respiration. bioRxiv. DOI: 10. 1101/049007.

Heft, H. 2001. *Ecological Psychology in Context: James Gibson, Roger Barker, and the Legacy of William James's Radical Empiricism.* Mahwah, NJ: Erlbaum.

Heidegger, M. 1962. *Being and Time.* Trans. J. Macquarrie and E. Robinson. New York: Harper & Row.

Heidegger, M. 1994. *Gesamtausgabe: Phänomenologische Interpretationen zu Aristoteles: Frühe Freiburger Vorlesung Wintersemester 1921/22.* Bd. 61: Abt. 2, *Vorlesungen.* Frankfurt: Vittorio Klostermann.

Heider, F. and Simmel, M. 1944. An experimental study of apparent behavior. *American Journal of Psychology* 57 (2): 243 – 59.

Helmholtz, H. 1867. *Handbuch der Physiologishen Optik.* Leipzig: Leopold Voss; *Treatise on Physiological Optics.* Ed. J. Southall. Mineola, NY: Dover Publications, 2005.

Hodgson, S. 1870. *The Theory of Practice.* London: Longmans, Green, Reader, & Dyer.

Høffding, S. 2015. A phenomenology of expert musicianship. Ph. D. dissertation, Department of Philosophy, University of Copenhagen.

Hohwy, J. 2013. *The Predictive Mind.* Oxford: Oxford University Press.

Hohwy, J. 2016. The self-evidencing brain. *Noûs* 50 (2): 259 – 85.

Holekamp, K. E., Swanson, E. M. and Van Meter, P. E. 2013. Developmental constraints on behavioural flexibility. *Philosophical Transactions of the Royal Society of London.* Series B, Biological Sciences, 368 (1618): 1 – 11.

Horgan, T. E. and Kriegel, U. 2008. Phenomenal intentionality meets the extended mind. *The Monist* 91: 353 – 80.

Horgan, T. E. and Tienson, J. L. 2002. The intentionality of phenomenology and the phenomenology of intentionality. In D. J. Chalmers (ed.), *Philosophy of Mind: Classical and Contemporary Readings* (520 – 33). Oxford: Oxford University Press.

Hunt, K. D. 1994. The evolution of human bipedality: Ecology and functional morphology. *Journal of Human Evolution* 26: 183 – 202.

Hurley, S. 1998. *Consciousness in Action.* Cambridge, MA: Harvard University Press.

Husserl, E. 1965. *Phenomenology and the Crisis of Philosophy.* Trans. Q. Lauer. New York: Harper Torchbooks.

Husserl, E. 1969. *Formal and Transcendental Logic.* Trans. D. Cairns. The Hague: Martinus Nijhoff.

Husserl, E. 1977. *Phenomenological Psychology.* Trans. J. Scanlon. The Hague: Martinus Nijhoff.

Husserl, E. 1982a. *Ideas Pertaining to a Pure Phenomenology and to a Phenomenological Philosophy—First Book* [1913]. Trans. F. Kersten. The Hague: Martinus Nijhoff.

Husserl, E. 1982b. The origin of geometry, trans. D. Carr. In J. Derrida, *Introduction to the Origin of Geometry* (155 – 80). Lincoln, NE: University of Nebraska Press.

Husserl, E. 1989. *Ideas Pertaining to a Pure Phenomenology and to a Phenomenological Philosophy—Second Book: Studies in the Phenomenology of Constitution.* Trans. R. Rojcewicz and A. Schuwer. Dordrecht: Kluwer Academic.

Husserl, E. 2003. *Philosophy of Arithmetic: Psychological and Logical Investigations—with Supplementary Texts from 1887 – 1901.* Edmund Husserl Collected Works, Vol. X. Trans. D. Willard. Springer: Dordrecht.

Husserl, E. 2004. *Wahrnehmung und Aufmerksamkeit: Texte aus dem Nachlass (1893 – 1912).* Ed. T. Vongehr and R. Giuliani. Dordrecht: Springer.

Husserl, E. 2008. *Die Lebenswelt-Auslegungen der vorgegebenen Welt und ihrer Konstitution.* Dordrecht: Springer.

Hutto, D. 2011a. Philosophy of mind's new lease on life: Autopoietic enactivism meets tele-osemiotics. *Journal of Consciousness Studies* 18 (5 – 6): 44 – 64.

Hutto, D. 2011b. Enactivism: Why be radical? In H. Bredekamp and J. M. Krois (eds.), *Se-hen und Handeln* (21 – 44). Berlin: Walter de Gruyter.

Hutto, D. 2015. Overly enactive imagination? Radically re-imagining imagining. *Southern Journal of Philosophy* 53 (S1): 68 – 89.

Hutto, D. (in press). Memory and narrativity. In S. Bernecker and K. Michaelian (eds.), *Handbook of Philosophy of Memory.* London: Routledge.

Hutto, D. and Myin, E. 2013. *Radicalizing Enactivism: Basic Minds Without Content.* Cambridge, MA: MIT Press.

Hutto, D. D., Kirchhoff, M. D. and Myin, E. 2014. Extensive enactivism: Why keep it all in? *Frontiers in Human Neuroscience* 8: 706. DOI: 10. 3389/fnhum. 2014. 00706.

Huxley, T. H. 1874. On the hypothesis that animals are automata, and its history. *Fortnightly Review*, n. s. 16: 555 – 80.

Huxley, T. H. 1894. *Man's Place in Nature, and Other Anthropological Essays.* London: Macmillan.

Ingold, T. 2004. Culture on the ground: The world perceived through the feet. *Journal of Material Culture* 9 (3): 315 – 40.

Iriki, A. and Sakura, O. 2008. Neuroscience of primate intellectual evolution: Natural selection and passive and intentional niche construction. *Philosophical Transactions of the Royal Society of London.* Series B, Biological Sciences, 363: 2229 – 41.

Iriki, A., Tanaka, M., and Iwamura, Y. 1996. Coding of modified body schema during tool use by macaque postcentral neurones. *Neuroreport* 7: 2325 – 30.

Iverson, J. and Thelen, E. 1999. Hand, mouth, and brain: The dynamic emergence of speech and gesture. *Journal of Consciousness Studies* 6: 19 – 40.

Iwabe, T., Ozaki, I., and Hashizume, A. 2014. The respiratory cycle modulates brain potentials, sympathetic activity, and subjective pain sensation induced by noxious stimulation. *Neurosci Research* 84: 47 – 59.

Jackendoff, R. 2002. *Foundations of Language: Brain, Meaning, Grammar, Evolution.* Oxford: Oxford University Press.

Jacob, F. 1977. Evolution and tinkering. *Science* 196: 1161 – 6.

James, W. 1884. What is an emotion? *Mind* 9: 188 – 205.

James, W. 1890. *Principles of Psychology*. New York: Dover Publications.

Jeannerod, M. 1994. The representing brain: Neural correlates of motor intention and imagery. *Behavioral and Brain Sciences* 17 (2): 187 – 201.

Jeannerod, M. 1997. *The Cognitive Neuroscience of Action*. Oxford: Blackwell.

Jeannerod, M. 2003. Self-generated actions. In S. Maasen, W. Prinz, and G. Roth (eds.), *Voluntary Action: Brains, Minds, and Sociality* (153 – 64). Oxford: Oxford University Press.

Jeannerod, M., Decety, J., and Michel, F. 1994. Impairment of grasping movements following a bilateral posterior parietal lesion. *Neuropsychoogia* 32 (4): 369 – 80.

Johnson, M. 1987. *The Body in the Mind: The Bodily Basis of Meaning, Imagination, and Reason*. Chicago: University of Chicago Press.

Johnson, M. 2008. *The Meaning of the Body: Aesthetics of Human Understanding*. Chicago: University of Chicago Press.

Johnson, M. 2010. Metaphors and cognition. In S. Gallagher and M. Schmicking (eds.), *Handbook of Phenomenology and Cognitive Science* (401 – 14). Dordrecht: Springer.

Johnson, M. 2017. *Embodied Mind, Meaning, and Reason: How Our Bodies give Rise to Understanding*. Chicago: University of Chicago Press.

Johnson, M. and Lakoff, G. 2002. Why cognitive linguistics requires embodied realism. *Cognitive Linguistics* 13 (3): 245 – 63.

Kammers, M. P. M., de Vignemont, F., Verhagen, L., and Dijkerman, H. C. 2009. The rubber hand illusion in action. *Neuropsychologia* 47 (1): 204 – 11.

Kammers, M. P., Kootker, J. A., Hogendoorn, H., and Dijkerman, H. C. 2010. How many motoric body representations can we grasp? *Experimental Brain Research* 202: 203 – 12.

Kant, I. 1992. Concerning the ultimate ground of the differentiation of directions in space. In D. Walford and R. Meerbote (eds.), *The Cambridge Edition of the Works of Immanuel Kant: Theoretical Philosophy*, 1755 – 1770 (365 – 72). Cambridge: Cambridge University Press.

Kelly, S. D. 2000. Grasping at straws: Motor intentionality and the cognitive science of skilled behavior. In M. Wrathall and J. Malpas (eds.), *Heidegger, Coping, the Cognitive Sciences: Essays in Honor of Hubert L. Dreyfus*, Vol. 2 (161 – 77). Cambridge, MA: MIT Press.

Kelly, S. D. 2004. Merleau-Ponty on the body. In M. Proudfoot (ed.), *The Philosophy of the*

Body (62 – 76). London: Blackwell.

Keysers, C. and Gazzola, V. 2006. Towards a unifying neural theory of social cognition. In S. Anders, G. Ende, M. Junghofer, and J. Kissler (eds.), *Understanding Emotions* (379 – 402). Amsterdam: Elsevier.

Kilner, J. M., Friston, K. J., and Frith, C. D. 2007. Predictive coding: An account of the mirror neuron system. *Cognitive Processing* 8 (3): 159 – 66.

Kirchhoff, M. 2015. Extended cognition and the causal-constitutive fallacy: In search for a diachronic and dynamical conception of constitution. *Philosophy and Phenomenological Research* 90 (2): 320 – 60.

Kirsh, D. 2005. Metacognition, distributed cognition and visual design. In P. Gardenfors and P. Johansson (eds.), *Cognition, Education, and Communication Technology* (147 – 80). London: Routledge.

Kitayama, S. and Park, J. 2010. Cultural neuroscience of the self: Understanding the social grounding of the brain. *Social Cognitive Affective Neuroscience* 5 (2 – 3): 111 – 29.

Kiverstein, J. 2012. The meaning of embodiment. *Topics in Cognitive Science* 4 (4): 740 – 58.

Kranczioch, C., Debener, S., Schwarzbach, J., Goebel, R., and Engel, A. K. 2005. Neural correlates of conscious perception in the attentional blink. *Neuroimage* 24 (3): 704 – 14.

Kyselo, M. and Di Paolo, E. 2013. Locked-in syndrome: A challenge for embodied cognitive science. *Phenomenology and the Cognitive Sciences* 14 (3): 517 – 42.

La Mettrie, de J. O. 1745. *Histoire naturelle de l'ame*. La Haye: Jean Neaulme.

Lafleur, A. and Boucher, V. J. 2015. The ecology of self-monitoring effects on memory of verbal productions: Does speaking to someone make a difference? *Consciousness and Cognition* 36: 139 – 46.

Lakoff, G. 2012. Explaining embodied cognition results. *Topics in Cognitive Science* 4 (4): 773 – 85.

Lakoff, G. and Johnson, M. 2003. *Metaphors We Live By*. Chicago: University of Chicago Press.

Lakoff, G. and Johnson, M. 1999. *Philosophy in the Flesh: The Embodied Mind and its Challenge to Western Thought*. New York: Basic Books.

Lakoff, G. and Núñez, R. 2000. *Where Mathematics Comes From*. New York: Basic Books.

Lavelle, J. S. 2012. Theory-theory and the direct perception of mental states. *Review of Philos-*

ophy and Psychology 3 (2): 213 – 30.

Leslie, A. 2004. Children's understanding of the mental world. In R. L. Gregory (ed.), *The Oxford Companion to the Mind* (167 – 9). Oxford: Oxford University Press.

Levin, D. T. and Banaji, M. R. 2006. Distortions in the perceived lightness of faces: The role of race categories. *Journal of Experimental Psychology: General* 135 (4): 501.

Lew, A. R. and Butterworth, G. 1997. The development of hand-mouth coordination in 2- to 5-month-old infants: Similarities with reaching and grasping. *Infant Behavior and Development* 20: 59 – 69.

Li, S., Park, W. H., and Borg, A. 2012. Phase-dependent respiratory-motor interactions in reaction time tasks during rhythmic voluntary breathing. *Motor Control* 16 (4): 493 – 505.

Libet, B. 1985. Unconscious cerebral initiative and the role of conscious will in voluntary action. *Behavioral and Brain Sciences* 8: 529 – 66.

Libet, B. 1992. The neural time-factor in perception, volition, and free will. *Revue de Métaphysique et de Morale* 2: 255 – 72.

Libet, B. 1996. Neural time factors in conscious and unconscious mental functions. In S. R. Hammeroff et al. (eds.), *Toward a Science of Consciousness: The First Tucson Discussions and Debates.* Cambridge, MA: MIT Press.

Libet, B. 1999. Do we have free will? *Journal of Consciousness Studies* 6 (8 – 9): 47 – 57.

Libet, B., Gleason, C. A., Wright, E. W., and Perl, D. K. 1983. Time of conscious intention to act in relation to cerebral activities (readiness potential): The unconscious initiation of a freely voluntary act. *Brain* 106: 623 – 42.

Linden, D. E. J., Kallenbach, U., Heineckeô, A. Singer, W., and Goebel, R. 1999.

The myth of upright vision: A psychophysical and functional imaging study of adaptation to inverting spectacles. *Perception* 28: 469 – 81.

Liu, L., Papanicolaou, A. C., and Heck, D. H. 2014. *Visual reaction time modulated by respiration.* Working paper. Department of Anatomy and Neurobiology, University of Tennessee Medical Center, Memphis.

Livesay, J. R. and Samras, M. R. 1998. Covert neuromuscular activity of the dominant forearm during visualization of a motor task. *Perceptual and Motor Skills* 86: 371 – 4.

Lohmar, D. 2005. On the function of weak phantasmata in perception: Phenomenological, psychological and neurological clues for the transcendental function of imagination in perception. *Phenomenology and the Cognitive Sciences* 4 (2): 155 – 67.

Lovejoy, C. O. 1981. The origin of man. Science 211: 341 – 50.

Lowe, E. J. 1999. Self, agency and mental causation. *Journal of Consciousness Studies* 6 (8 – 9): 225 – 39.

Lungarella, M. and Sporns, O. 2005. Information self-structuring: Key principle for learning and development. In *Development and Learning: Proceedings of the 4th International Conference on Development and Learning* (25 – 30). DOI: 10. 1109/DEVLRN. 2005. 1490938.

Mac Lane, S. 1981. Mathematical models: A sketch for the philosophy of mathematics. *American Mathematical Monthly* 88 (7): 462 – 72.

McBeath, M. K., Shaffer, D. M., Kaiser, M. K. 1995. How baseball outfielders determine where to run to catch fly balls. *Science* 28 (268): 569 – 73.

McDowell, J. 1994. *Mind and World.* Cambridge, MA: Harvard University Press.

McDowell, J. 2007a. What myth? *Inquiry* 50 (4): 338 – 51.

McDowell, J. 2007b. Response to Dreyfus. *Inquiry* 50 (4): 366 – 70.

McNeill, D. 1992. *Hand and Mind: What Gestures Reveal about Thought.* Chicago: University of Chicago Press.

McNeill, D., Duncan, S., Cole, J., Gallagher, S., and Bertenthal, B. 2008. Neither or both: Growth points from the very beginning. *Interaction Studies* 9 (1): 117 – 32.

Malafouris, L. 2013. *How Things Shape the Mind.* Cambridge, MA: MIT Press.

Marcel, A. 2003. The sense of agency: Awareness and ownership of action. In J. Roessler and N. Eilan (eds.), *Agency and Self-Awareness* (48 – 93). Oxford: Oxford University Press.

Marteniuk, R. G., MacKenzie, C. L., Jeannerod, M., Athenes, S., and Dugas, C. 1987. Constraints on human arm movement trajectories. *Canadian Journal of Psychology* 41: 365 – 78.

Matsumoto, D. 2002. Methodological requirements to test a possible in-group advantage in judging emotions across cultures: Comment on Elfenbein and Ambady (2002) and evidence. *Psychological Bulletin* 128 (2): 236 – 42.

Mauss, M. 1979. *Sociology and Psychology: Essays.* London: Routledge & Kegan Paul.

Mead, G. H. 1938. *The Philosophy of the Act.* Chicago: University of Chicago Press.

Mead, G. H. 1964. *Selected Writings.* Ed. A. J. Reck. Chicago: University of Chicago Press.

Mele, A. R. 1992. *Springs of Action.* Oxford: Oxford University Press.

Meltzoff, A. and Moore, M. K. 1994. Imitation, memory, and the representation of persons. *Infant Behavior and Development* 17: 83 – 99.

Menary, R. 2007. *Cognitive Integration: Mind and Cognition Unbounded.* London: Palgrave-Macmillan.

Menary, R. 2010. The holy grail of cognitivism: A response to Adams and Aizawa. *Phenomenology and the Cognitive Sciences* 9 (4): 605 – 18.

Menary, R. 2011. Our glassy essence: The fallible self in pragmatist thought. In S. Gallagher (ed.), *The Oxford Handbook of the Self* (609 – 32). Oxford: Oxford University Press.

Menary, R. 2013. The enculturated hand. In Z. Radman. *The Hand: An Organ of the Mind* (349 – 68). Cambridge, MA: MIT Press.

Menary, R. 2015. Mathematical cognition: A case of enculturation. In T. Metzinger and J. M. Windt (eds.), *Open MIND* 25: 1 – 20. Frankfurt am Main: MIND Group. DOI: 10. 15502/9783958570818.

Menary, R. and Kirchhoff, M. 2013. Cognitive transformations and extended expertise. *Educational Philosophy and Theory* 46 (6): 610 – 23.

Merleau-Ponty, M. 1964. *The Primacy of Perception.* Trans. J. Edie. Evanston, IL: Northwestern University Press.

Merleau-Ponty, M. 1968. *The Visible and the Invisible.* Trans. A. Lingis. Evanston, IL: Northwestern University Press.

Merleau-Ponty, M. 1983. *The Structure of Behavior.* Trans. A. L. Fisher. Boston, MA: Beacon Press.

Merleau-Ponty, M. 2012. *Phenomenology of Perception.* Trans. D. A. Landes. London: Routledge.

Merritt, M. and Varga, S. (eds.). 2013. Special issue on the Socially Extended Mind. *Cognitive Systems Theory,* vol. 25 – 6.

Merzenich, M. M., Kaas, J. H., Wall, J. T., Nelson, R. J., Sur, M., and Felleman, D. J. 1983. Topographic reorganization of somatosensory cortical areas 3b and 1 in adult monkeys following restricted deafferentation. *Neuroscience* 8: 33 – 55.

Meteyard, L., Cuadrado, S. R., Bahrami, B., and Vigliocco, G. 2012. Coming of age: A review of embodiment and the neuroscience of semantics. *Cortex* 48 (7): 788 – 804.

Metzinger, T. 2003. Being No One: *The Self-Model Theory of Subjectivity.* Cambridge, MA:

MIT Press.

Michotte, A. 1963. *The Perception of Causality*. Trans. T. Miles and E. Miles. New York: Basic Books.

Millikan, R. 1984. *Language, Thought and Other Biological Categories*. Cambridge, MA: MIT Press.

Millikan, R. G. 1996. Pushme-pullyou representations. In L. May, M. Friedman, and A. Clark (eds.), *Mind and Morals: Essays on Ethics and Cognitive Science* (145 – 61). Cambridge, MA: MIT Press.

Millikan, R. G. 2005. *Language: A Biological Model*. Oxford: Oxford University Press.

Milner, D. A. and Goodale, M. A. 1995. *The Visual Brain in Action*. New York: Oxford University Press.

Mitchell, R. W. (ed.) 2002. *Pretending and Imagination in Animals and Children*. Cambridge: Cambridge University Press.

Miyahara, K. 2011. Neo-pragmatic intentionality and enactive perception: A compromise between extended and enactive minds. *Phenomenology and the Cognitive Sciences* 10 (4): 499 – 519.

Mohrhoff, U. 1999. The physics of interactionism. *Journal of Consciousness Studies* 6 (8 – 9): 165 – 84.

Molnar-Szakacs, I., Wu, A. D., Robles F. J., and Iacoboni, M. 2007. Do you see what I mean? Corticospinal excitability during observation of culture-specific gestures. *PLoS One* 2 (7): e626.

Morgan, E. 1990. *The Scars of Evolution: What our Body tells about Human Origins*. London: Penguin.

Nakatsukasa, M., Ogihara, N., Hamada, Y., Goto, Y., Yamada, M., Hirakawa, T., and Hirasaki. E. 2004. Energetic costs of bipedal and quadrupedal walking in Japanese macaques. *American Journal of Physical Anthropology* 124: 248 – 56.

Napier, J. R. 1980. *Hands*. London: Allen & Unwin.

Narayanan, S. 1997. Talking the talk is like walking the walk: A computational model of verbal aspect. In *Proceedings of the 19th Cognitive Science Society Conference* (548 – 53). Hillsdale, NJ: Erlbaum.

Naumann, R. 2012. Dynamics in the brain and dynamic frame theory for action verbs. *Proceed-*

ings of SMCLC. Accessed 9 June 2016 at user. phil-fak. uniduesseldorf. de.

Needham, A., Barrett, T., and Peterman, K. 2002. A pick-me-up for infants' exploratory skills: Early simulated experiences reaching for objects using 'sticky mittens' enhances young infants' object exploration skills. *Infant Behavior and Development* 25: 279 – 95.

Newen, A., Welpinghus, A., and Juckel, G. 2015. Emotion recognition as pattern recognition: The relevance of perception. *Mind and Language* 30 (2): 187 – 208.

Newman-Norlund, R. D., Noordzij, M. L., Meulenbroek, R. G. J., and Bekkering, H. 2007. Exploring the brain basis of joint attention: Co-ordination of actions, goals and intentions. *Social Neuroscience* 2 (1): 48 – 65.

Nieder, A., Diester, I., and Tudusciuc, O. 2006. Temporal and spatial enumeration processes in the primate parietal cortex. *Science* 313 (5792): 1432 – 5.

Niemitz, C. 2010. The evolution of the upright posture and gait—a review and a new synthesis. *Naturwissenschaften* 97 (3): 241 – 63.

Nillsson, L. and Hamberger, L. 1990. *A Child is Born.* New York: Delacorte.

Noë, A. 2004. *Action in Perception.* Cambridge, MA: MIT Press.

O'Regan, K. and Noë, A. 2001. A sensorimotor account of vision and visual consciousness. *Behavioral and Brain Sciences* 23: 939 – 73.

O'shaughnessy, B. 1980. *The Will,* 2 vols. Cambridge: Cambridge University Press.

Oberman, L. M. and Ramachandran, V. S. 2007. The simulating social mind: The role of the mirror neuron system and simulation in the social and communicative deficits of autism spectrum disorders. *Psychological Bulletin* 133 (2): 310 – 27.

Orlandi, N. 2012. Embedded seeing-as: Multi-stable visual perception without interpretation. *Philosophical Psychology* 25 (4): 555 – 73.

Orlandi, N. 2013. Embedded seeing: Vision in the natural world. *Noûs* 47 (4): 727 – 47.

Orlandi, N. 2014. *The Innocent Eye: Why Vision is not a Cognitive Process.* Oxford: Oxford University Press.

Overmann, K. A. 2016. Beyond writing: The development of literacy in the Ancient Near East. *Cambridge Archaeological Journal* 26 (2): 285 – 303.

Pacherie, E. 2006. Towards a dynamic theory of intentions. In S. Pockett, W. P. Banks, and S. Gallagher (eds.), *Does Consciousness Cause Behavior? An Investigation of the Nature of Volition* (145 – 68). Cambridge, MA: MIT Press.

Pacherie, E. and Haggard, P. 2010. What are intentions? In W. Sinnott-Armstrong and L. Nadel (eds.) , *Conscious Will and Responsibility: A Tributeto Benjamin Libet* (70 – 84). Oxford: Oxford University Press.

Palermos, S. O. 2012. Extending cognition in epistemology: Towards an individualistic social epistemology. Ph. D. thesis, Department of Philosophy, University of Edinburgh.

Palermos, S. O. 2014. Loops, constitution, and cognitive extension. *Cognitive Systems Research* 27: 25 – 41.

Palmer, S. E. 1999. *Vision Science: Photons to Phenomenology.* Cambridge, MA: MIT Press.

Paolucci, C. 2011. The ' external mind' : semiotics, pragmatism, extended mind and distributed cognition. *Versus: quaderni di studi semiotici* 112: 69 – 96.

Park, J. and Kitayama, S. 2014. Interdependent selves show face-induced facilitation of error processing: Cultural neuroscience of self-threat. *Social Cognitive and Affective Neuroscience* 9 (2) : 201 – 8.

Parravicini, A. and Pievani, T. 2016. Multi-level human evolution: Ecological patterns in hominin phylogeny. *Journal of Anthropological Sciences* 94: 1 – 16.

Pascual-Leone, A., Nguyet, D., Cohen, L. G., et al. 1995. Modulation of muscle responses evoked by transcranial magnetic stimulation during the acquisition of new fine motor skills. *Journal of Neurophysiology* 74: 1037 – 45.

Peiffer, C., Costes, N., Hervé, P., and Garcia-Larrea, L. 2008. Relief of dyspnea involves a characteristic brain activation and a specific quality of sensation. *American Journal of Respiratory and Critical Care Medicine* 177 (4) : 440 – 9.

Peirce, C. S. 1887. Logical machines. *American Journal of Psychology* 1 (1) : 165 – 70.

Peirce, C. S. 1931 – 1935, 1958. *Collected Papers of C. S. Peirce.* Ed. C. Hartshorne, P. Weiss, and A. Burks. Cambridge, MA: Harvard University Press (abbreviated: CP followed by the conventional ' [volume]. [page]' -notation).

Pélisson, D., Prablanc, C., Goodale, M. A., and Jeannerod, M. 1986. Visual control of reaching movements without vision of the limb. *Experimental Brain Research* 62 (2) : 303 – 11.

Perner, J. and Ogden, J. E. 1988. Knowledge for hunger: Children's problem with representation in imputing mental states. *Cognition* 29 (1) : 47 – 61.

Pessoa, L. 2013. *The Cognitive-Emotional Brain: From Interactions to Integration.* Cambridge, MA: MIT Press.

Petkova, V. I. and Ehrsson, H. H. 2008. If I were you: Perceptual illusion of body swapping. *PLoS One* 3 (12): e3832. DOI: 10. 1371/journal. pone. 0003832.

Pettit, P. 1996. *The Common Mind.* Oxford: Oxford University Press.

Pezzulo, G., Barsalou, L. W., Cangelosi, A., Fischer, M. H., McRae, K., and Spivey, M. J. 2011. The mechanics of embodiment: A dialog on embodiment and computational modeling. In A. Borghi and D. Pecher (eds.), *Embodied and Grounded Cognition* (196). Frontiers E-books.

Pickford, M., Senut, B., Gommery, D., and Treil, J. 2002. Bipedalism in *Orrorin tugenensis* revealed by its femora. *Comptes Rendus Palevol* 1 (4): 191 – 203.

Popper, K. R. 1972. *Objective Knowledge: An Evolutionary Approach.* Oxford: Oxford University Press.

Postle, N., McMahon, K. L., Ashton, R., Meredith, M., and de Zubicaray, G. I. 2008. Action word meaning representations in cytoarchitectonically defined primary and premotor cortex. *Neuroimage* 43 (3): 634 – 44.

Prinz, J. 2004. *Gut Reactions: A Perceptual Theory of Emotion.* New York: Oxford University Press.

Prinz, J. 2009. Is consciousness embodied? In P. Robbins and M. Aydede (eds.), *Cambridge Handbook of Situated Cognition* (419 – 37). Cambridge: Cambridge University Press.

Proffitt, D., Bhalla, M., Gossweiler, R., and Midgett, J. 1995. Perceiving geographical slant. *Psychonomic Bulletin and Review* 2 (4): 409 – 28.

Proffitt, D., Stefanucci, J., Banton, T., and Epstein, W. 2003. The role of effort in perceiving distance. *Psychological Science* 14 (2): 106 – 12.

Proffitt, D. R. 2009. Affordances matter in geographical slant perception. *Psychonomic Bulletin and Review* 16: 970 – 2.

Proffitt, D. R. 2013. An embodied approach to perception: By what units are visual perceptions scaled? *Perspectives on Psychological Science* 8 (4): 474 – 83.

Proust, J. 2003. How voluntary are minimal actions? In S. Maasen, W. Prinz, and G. Roth (eds.), *Voluntary Action: Brains, Minds, and Sociality* (202 – 19). Oxford: Oxford University Press.

Pulvermuller, F. 2005. Brain mechanisms linking language and action. *Nature Reviews Neuroscience* 6: 576 – 82.

Pylyshyn, Z. 1999. Is vision continuous with cognition? The case for cognitive impenetrability of visual perception. *Behavioral and Brain Sciences* 22 (3): 341 – 65.

Quaeghebeur, L., Duncan, S., Gallagher, S., Cole, J., and McNeill, D. 2014. Aproprioception and gesture. In C. Müller, E. Fricke, A. Cienki, S. H. Ladewig, and D. McNeill (eds.), *Handbook on Body-Language-Communication* (2048 – 61). Berlin: De Gruyter Mouton.

Ramsey, W. 2007. *Representation Reconsidered.* Cambridge: Cambridge University Press.

Rao, R. P. N. and Ballard, D. H. 1999. Predictive coding in the visual cortex: A functional interpretation of some extra-classical receptive-field effects. *Nature Neuroscience* 2 (1): 79 – 87.

Rassler, B. 2000. Mutual nervous influences between breathing and precision finger movements. *European Journal of Applied Physiology* 81 (6): 479 – 85.

Rietveld, E. and Kiverstein, J. 2014. A rich landscape of affordances. *Ecological Psychology* 26 (4): 325 – 52.

Rizzolatti, G., Fogassi, L., and Gallese, V. 2001. Neurophysiological mechanisms underlying the understanding and imitation of action. *Nature Reviews Neuroscience* 2: 661 – 70.

Robertson, L. C. and Treisman, A. 2010. Consciousness: Disorders. In E. B. Goldstein (ed.), *Encyclopedia of Perception.* New York: Sage.

Rochat, P. 1989. Object manipulation and exploration in 2- to 5-month-old infants. *Developmental Psychology* 25: 871-84.

Rochat, P. 1993. Hand-mouth coordination in the newborn: Morphology, determinants, and early development of a basic act. In G. J. P. Savelsbergh (ed.), *The Development of Coordination in Infancy* (265 – 88). Amsterdam: North-Holland.

Rochat, P. and Senders, S. J. 1991. Active touch in infancy: Action systems in development. In M. J. S. Weiss and P. R. Zelazo (eds.), *Newborn Attention: Biological Constraints and the Influence of Experience* (412 – 42). Norwood, NJ: Ablex.

Rock, I. and Harris, C. S. 1967. Vision and touch. *Scientific American* 216 (5): 96 – 104.

Rockwell, W. T. 2005. *Neither Brain nor Ghost: A Nondualist Alternative to the Mind-Brain Identity Theory.* Cambridge, MA: MIT Press.

Rode, G., Lacour, S., Jacquin-Courtois, S., Pisella, L., Michel, C., Revol, P., Luauté, J., Gallagher, S. Halligan, P., Pélisson, D., and Rossetti, Y. 2015. Long-term sensorimotor and therapeutical effects of a mild regime of prism adaptation in spatial neglect: A double-blind

RCT essay. *Annals of Physical and Rehabilitation Medicine* 58 (2): 40 – 53.

Roepstorff, A. 2008. Things to think with: Words and objects as material symbols. *Philosophical Transactions of the Royal Society of London.* Series B, Biological Sciences, 363 (1499): 2049 – 54.

Rohde, M., Di Luca, M., Marc, O., and Ernst, M. O. 2011. The rubber hand illusion: Feeling of ownership and proprioceptive drift do not go hand in hand. *PLoS ONE* 6 (6): e21659. DOI: 10. 1371/journal. pone. 0021659.

Roitblat, H. 1982. The meaning of representation in animal memory. *Behavioral and Brain Sciences* 5 (3): 353 – 72.

Roll, J-P. and Roll, R. 1988. From eye to foot: A proprioceptive chain involved in postural control. In G. Amblard, A. Berthoz, and F. Clarac (eds.), *Posture and Gait: Development, Adaptation, and Modulation* (155 – 64). Amsterdam: Excerpta Medica.

Rossetti, Y., Jacquin-Courtois, S., Calabria, M., Michel, C., Gallagher, S., Honoré, J., Luauté, J., Farné, A., Pisella, L., and Rode, G. 2015. Testing cognition and rehabilitation in unilateral neglect with wedge prism adaptation: Multiple interplays between sensorimotor adaptation and spatial cognition. In *Clinical Systems Neuroscience* (359 – 81). Tokyo: Springer Japan.

Rossini, P. M., Martino, G., Narici, L., Pasquarelli, A., Peresson, M., Pizzella, V., Tecchio, F., Torrioli, G., and Romani, G. L. 1994. Short-term brain 'plasticity' in humans: Transient finger representation changes in sensory cortex somatotopy following ischemic anesthesia. *Brain Research* 642 (1 – 2): 169 – 77.

Rowlands, M. 2006. *Body Language.* Cambridge, MA: MIT Press.

Rowlands, M. 2010. *The New Science of the Mind.* Cambridge, MA: MIT Press.

Rowlands, M. 2012. Representing without representations. *AVANT* 3 (1): 133 – 44.

Roy, J-M., Petitot, J., Varela, F., and Pachoud, B. 1999. Introduction. In J. Petitot et al. (eds.), *Naturalizing Phenomenology: Issues in Contemporary Phenomenology and Cognitive Science.* Stanford: Stanford University Press.

Rucińska, Z. 2014. Basic pretending as sensorimotor engagement? In J. M. Bishop and A. O. Martin (eds.), *Contemporary Sensorimotor Theory,* Studies in Applied Philosophy, Epistemology and Rational Ethics, vol. 15: 175 – 87. New York: Springer.

Rucińska, Z. 2016. What guides pretence? Towards the interactive and the narrative approaches. Phenomenology and the *Cognitive Sciences* 15: 117 – 33.

Rupert, R. 2004. Challenges to the hypothesis of extended cognition. *Journal of Philosophy* 101 (8): 389 – 428.

Ryle, G. 1949. *The Concept of Mind.* London: Hutchinson.

Ryle, G. 1971. Phenomenology versus *Concept of Mind.* In G. Ryle, *Critical Essays: Collected Papers I* (187 – 204). London: Routledge.

Sainsbury, R. M. 2009. *Fiction and Fictionalism.* London: Routledge.

Salice, A., Høffding, S., and Gallagher, S. 2017. Putting plural self-awareness into practice: The phenomenology of expert musicianship. *Topoi.* DOI: 10. 1007/s11245 – 017 – 9451 – 2, pp. 1 – 13.

Sartori, L., Becchio, C., and Castiello, U. 2011. Cues to intention: The role of movement information. *Cognition* 119: 242 – 52.

Saxe, R. R., Whitfield-Gabrieli, S., Scholz, J., and Pelphrey, K. A. 2009. Brain regions for perceiving and reasoning about other people in school-aged children. *Child Development* 80 (4): 1197 – 209.

Schacter, D. L., Reiman, E., Curran, T., Yun, L. S., Bandy, D., McDermott, K. B., and Iii, H. L. R. 1996. Neuroanatomical correlates of veridical and illusory recognition memory: Evidence from positron emission tomography. *Neuron* 17 (2): 267 – 74.

Schmidt, R. A. and Lee, T. D. 1999. *Motor Control and Learning: A Behavioural Emphasis.* Champaign, IL: Human Kinetics.

Schnall, S., Harber, K. D., Stefanucci, J. K., and Proffitt, D. R. 2008. Social support and the perception of geographical slant. *Journal of Experimental Social Psychology* 44 (5): 1246 – 55.

Scholl, B. J. and Leslie, A. M. 1999. Modularity, development and ' theory of mind'. *Mind and Language* 14 (1): 131 – 53.

Schultze-Kraft, M., Birman, D., Rusconi, M., Allefeld, C., Görgen, K., Dähne, S., … and Haynes, J. D. 2015. The point of no return in vetoing self-initiated movements. *Proceedings of the National Academy of Sciences* 113 (4): 1080 – 5.

Schurger, A., Mylopoulos, M., and Rosenthal, D. 2015. Neural antecedents of spontaneous voluntary movement: A new perspective. *Trends in Cognitive Sciences* 20 (2): 77 – 9.

Schurger, A., Sitt, J. D., and Dehaene, S. 2012. An accumulator model for spontaneous neural activity prior to self-initiated movement. *Proceedings of the National Academy of Sciences* 109 (42): E2904-E2913.

Searle, J. 1992. *The Rediscovery of the Mind.* Cambridge, MA: MIT Press.

Searle, J. 1983. *Intentionality: An Essay in the Philosophy of Mind.* Cambridge: Cambridge University Press.

Searle, J. 1984. *Minds, Brains, and Science.* Cambridge, MA: Harvard University Press.

Sebanz, N., Knoblich, G., and Prinz, W. 2003. Representing others' actions: Just like one's own? *Cognition* 88: B11-B21.

Segal, G. 1996. The modularity of theory of mind. In P. Carruthers and P. Smith (eds.), *Theories of Theories of Mind* (141 – 57). Cambridge: Cambridge University Press.

Setti, A., Borghi, A. M., and Tessari, A. 2009. Moving hands, moving entities. *Brain and Cognition* 70 (3): 253 – 8.

Shapiro, L. 2011. *Embodied Cognition.* London: Routledge.

Shapiro, L. 2014a. When is cognition embodied? In U. Kriegel (ed.), *Current Controversies in Philosophy of Mind* (73 – 90). New York and London: Routledge.

Shapiro, L. 2014b. Book review: *Radicalizing Enactivism: Basic Minds without Content. Mind* 123 (489): 213 – 20.

Shapiro, L. A. 2004. *The Mind Incarnate.* Cambridge, MA: MIT Press.

Shapiro, L. A. 2007. The embodied cognition research programme. *Philosophy Compass* 2 (2): 338 – 46.

Shapiro, L. A. 2009. A review of Frederick Adams and Kenneth Aizawa, *The Bounds of Cognition. Phenomenology and the Cognitive Sciences* 8 (2): 267 – 73.

Sheets-Johnstone, M. 1990. *The Roots of Thinking.* Philadelphia: Temple University Press.

Shotter, J. 2001. Towards a third revolution in psychology: From inner mental representations to dialogically-structured social practices. In D. Bakhurst and S. Shanker (eds.), *Jerome Bruner: Language, Culture, Self* (167 – 83). London: Sage.

Shuler, M. G. and Bear, M. F. 2006. Reward timing in the primary visual cortex. *Science* 311 (5767): 1606 – 9.

Siegel, S. 2011. Cognitive penetrability and perceptual justification. *Noûs* 46 (2): 201 – 22.

Skagestad, P. 1993. Thinking with machines: Intelligence augmentation, evolutionary epistemology, and semiotic. *Journal of Social and Evolutionary Systems* 16 (2): 157 – 80.

Skagestad, P. 1999. Peirce's inkstand as an external embodiment of mind. *Transactions of the Charles S. Peirce Society* 35 (3):551 –61.

Skoyles, J. R. 2006. Human balance, the evolution of bipedalism and dysequilibrium syndrome. *Medical Hypotheses* 66:1060 –8.

Slotnick, S., Thompson, W., and Kosslyn, S. M. 2005. Visual mental imagery induces retinotopically organized activation of early visual areas. *Cerebral Cortex* 15:1570 –83.

Soon, C. S., Brass, M., Heinze, H. J., and Haynes, J. D. 2008. Unconscious determinants of free decisions in the human brain. *Nature Neuroscience* 11 (5):543 –5.

Sparaci, L. 2008. Embodying gestures: The social orienting model and the study of early gestures in autism. *Phenomenology and the Cognitive Sciences* 7 (2):203 –23.

Sparks, G. G., Pellechia, M., and Irvine, C. 1999. The repressive coping style and fright reactions to mass media. *Communication Research* 26:176 –92.

Stapleton, M. 2013. Steps to a ' properly embodied' cognitive science. *Cognitive Systems Research* 22 –3:1 –11.

Steiner, P. 2008. Sciences cognitives, tournant pragmatique et horizons pragmatistes. *Tracés. Revue de sciences humaines* 15:85 – 105.

Steiner, P. 2010. Philosophie, technologie et cognition: état des lieux et perspectives. *Intellectica* 53 (54):7 –40.

Sterelny, K. 2007. Social intelligence, human intelligence and niche construction. *Philosophical Transactions of the Royal Society of London.* Series B, Biological Sciences, 362 (1480): 719 –30.

Sterelny, K. 2010. Minds—extended or scaffolded. *Phenomenology and the Cognitive Sciences* 9 (4):465 –81.

Straus, E. W. 1966. The upright posture. In E. W. Straus, *Essays in Phenomenology* (164 – 92). The Hague: Springer.

Strauss, M. S. and Curtis, L. E. 1981. Infant perception of numerosity. *Child Development* 52 (4):1146 –52.

Tamietto, M. 2013. Attentional and sensory unawareness for emotions: Neurofunctional and neuroanatomical systems. Conference presentation. *The Scope and Limits of Direct Perception.*

Copenhagen, 13 December.

Thierry, G., Athanasopoulos, P., Wiggett, A., Dering, B., and Kuipers, J. -R. 2009. Unconscious effects of language-specific terminology on preattentive color perception. *Proceedings of the National Academy of Sciences* 106: 4567 – 70.

Thomas, A. 1997. Kant, McDowell and the theory of consciousness. *European Journal of Philosophy* 5 (3): 283 – 305.

Thompson, E. 2007. *Mind in Life: Biology, Phenomenology and the Sciences of Mind.* Cambridge, MA: Harvard University Press.

Thompson, E. 2014. The embodied mind: An interview with Evan Thompson. Fall 2014. http://www. tricycle. com/interview/embodied-mind.

Thompson, E. and Stapleton, M. 2009. Making sense of sense-making: Reflections on enactive and extended mind theories. *Topoi* 28: 23 – 30.

Thompson, E. and Varela, F. 2001. Radical embodiment: Neural dynamics and consciousness. *Trends in Cognitive Sciences* 5 (10): 418 – 25.

Trevarthen, C. and Hubley, P. 1978. Secondary intersubjectivity: Confidence, confiding and acts of meaning in the first year. In A. Lock (ed.), *Action, Gesture and Symbol: The Emergence of Language* (183 – 229). London: Academic Press.

Trevarthen, C. B. 1979. Communication and cooperation in early infancy: A description of primary intersubjectivity. In M. Bullowa (ed.), *Before Speech* (321 – 48). Cambridge, MA: Cambridge University Press.

Tylor, E. B. 1881. *Anthropology: An Introduction to the Study of Man and Civilization.* London: Macmillan.

Uller, C., Jaeger, R., Guidry, G., and Martin, C. 2003. Salamanders (*Plethodon cinereus*) go for more: Rudiments of number in an amphibian. Animal Cognition 6: 105 – 12.

van Gelder, T. 1995. What might cognition be if not computation? *Journal of Philosophy* 91: 345 – 81.

van Gelder, T. 1999. Wooden iron? Husserlian phenomenology meets cognitive science. In J. Petitot, F. J. Varela, J. -M. Roy, and B. Pachoud (eds.), *Naturalizing Phenomenology: Issues in Contemporary Phenomenology and Cognitive Science* (245 – 65). Stanford: Stanford

University Press.

Vaneechoutte, M. 2014. The origin of articulate language revisited: The potential of a semi-aquatic past of human ancestors to explain the origin of human musicality and articulate language. *Human Evolution* 29 (1 – 3): 1 – 33.

Varela, F. J. 1999. The specious present: A neurophenomenology of time consciousness. In J. Petitot, F. J. Varela, B. Pachoud, and J. -M. Roy (eds.), *Naturalizing Phenomenology: Issues in Contemporary Phenomenology and Cognitive Science* (266 – 314) . Stanford: Stanford University Press.

Varela, F. J., Thompson, E., and Rosch, E. 1991. *The Embodied Mind: Cognitive Science and Human Experience.* Cambridge: MIT Press.

Vignemont, de F., Majid, A., Jola, C., and Haggard, P. 2009. Segmenting the body into parts: Evidence from biases in tactile perception. *Quarterly Journal of Experimental Psychology* 62: 500 – 12.

Vygotsky, L. S. 1986. *Thought and Language.* Cambridge, MA: MIT Press.

Wapner, S. and Werner, H. 1965. An experimental approach to body perception from the organismic developmental point of view. In S. Wapner and H. Werner (eds.) , *The Body Percept.* New York: Random House.

Weber, A. and Varela, F. J. 2002. Life after Kant: Natural purposes and the autopoietic foundations of biological individuality. *Phenomenology and the Cognitive Sciences* 1 (2): 97 – 125.

Wegner, D. 2002. *The Illusion of Conscious Will.* Cambridge, MA: MIT Press.

Welton, D. 2000. Touching hands. *Veritas* 45 (1): 83 – 102.

Wheeler, M. 1996. From robots to Rothko, in M. Boden (ed.) , *The Philosophy of Artificial Life* (209 – 36) . Oxford: Oxford University Press.

Wheeler, M. 2005. *Reconstructing the Cognitive World: The Next Step.* Cambridge, MA: MIT Press.

Willems, R. M., Hagoort, P., and Casasanto, D. 2009. Body-specific representations of action verbs: Neural evidence from right- and left-handers. *Psychological Science* 21 (1): 67 – 74.

Wilson, M. 2002. Six views of embodied cognition. *Psychonomic Bulletin and Review* 9 (4):

625 – 36.

Wilson, R. A. 1994. Wide computationalism. *Mind* 103: 351 – 72.

Witt, J. K., Proffitt, D. R., and Epstein, W. 2005. Tool use affects perceived distance, but only when you intend to use it. *Journal of Experimental Psychology: Human Perception and Performance* 31 (5): 880 – 8.

Wolpert, D. M., Doya, K., and Kawato, M. 2003. A unifying computational framework for motor control and social interaction. *Philosophical Transactions of the Royal Society of London. Series B, Biological Sciences* 358: 593 – 602.

Woodruff, G., and Premack, D. 1981. Primative mathematical concepts in the chimpanzee: Proportionality and numerosity. *Nature* 293: 568 – 70.

Woodward, A. L., Sommerville, J. A., and Guajardo, J. J. 2001. How infants make sense of intentional action. In B. Malle, L. Moses, and D. Baldwin (eds.), *Intentions and Intentionality: Foundations of Social Cognition* (149 – 69). Cambridge: MIT Press.

Wrangham, R. W. 1980. Bipedal locomotion as a feeding adaptation in Gelada baboons, and its implication for hominid evolution. *Journal of Human Evolution* 9: 329 – 31.

Xu, Y., Zuo, X., Wang, X., and Han, S. 2009. Do you feel my pain? Racial group membership modulates empathic neural responses. *Journal of Neuroscience* 29 (26): 8525 – 9.

Yarbus, A. 1967. *Eye Movements and Vision*. New York: Plenum Press.

Young, I. M. 1980. Throwing like a girl: A phenomenology of feminine body comportment motility and spatiality. *Human Studies* 3 (1): 137 – 56.

Zahavi, D. 2013. Mindedness, mindlessness and first-person authority. In J. K. Schear (ed.), *Mind, Reason, and Being-in-The-World: The McDowell-Dreyfus Debate* (320 – 40). London: Routledge.

Zajac, F. E. 1993. Muscle coordination of movement: A perspective. *Journal of Biomechanics* 26 (suppl. 1): 109 – 24.

Zautra, A. J., Fasman, R., Davis, M. C., and Craig, A. D. 2010. The effects of slow breathing on affective responses to pain stimuli: An experimental study. *Pain* 149 (1): 12 – 18.

Zelano, C., Jiang, H., Zhou, G., Arora, N., Schuele, S., Rosenow, J., and Gottfried, J. A. 2016. Nasal respiration entrains human limbic oscillations and modulates cognitive function. *Jour-*

nal Neurosci 36 (49): 12448 – 67.

Zhu, J. 2003. Reclaiming volition: An alternative interpretation of Libet's experiments. *Journal of Consciousness Studies* 10 (11): 61 – 77.

Ziemke, T. 2001. Disentangling notions of embodiment. In *Proceedings: Workshop on Developmental Embodied Cognition,* 83 – 7 (citeseerx. ist. psu. edu/viewdoc/download? doi = 10. 1. 1. 5. 9097&rep = rep1 &type = pdf). Accessed 22 May 2016.

Zlatev, J. 2010. Phenomenology and cognitive linguistics. In S. Gallagher and D. Schmicking (eds.), *Handbook of Phenomenology and Cognitive Science* (415 – 43). Dordrecht: Springer.